高职高专电子信息系列技能型规划教材

电路分析基础（第2版）

主　编　张丽萍　徐　锋
副主编　金珍珍　杨彦青

北京大学出版社
PEKING UNIVERSITY PRESS

内 容 简 介

本书共 7 个项目，内容包括电路的基本知识、简单直流稳态电路的分析、单相正弦交流电路、谐振电路、互感现象及变压器、三相正弦交流电路、动态电路分析等。每个项目以实际应用为引例，激发读者学习兴趣。本书还在项目中加入适当实训任务，并辅以思考、总结等引导读者进行理论学习，实现"做中学，学中做"。

本书可作为高等职业技术学院、高等工程专科学校、成人高等学校电气类、电子类、通信类等专业的教材使用，也可供有关科技人员和相关专业的本科学生、自学考试者参考。

图书在版编目(CIP)数据

电路分析基础/张丽萍，徐锋主编.—2 版.北京：北京大学出版社，2012.9
(高职高专电子信息系列技能型规划教材)
ISBN 978-7-301-19639-7

Ⅰ.①电… Ⅱ.①张…②徐… Ⅲ.①电路分析—高等职业教育—教材 Ⅳ.①TM133

中国版本图书馆 CIP 数据核字(2011)第 211726 号

书　　　　名：**电路分析基础（第 2 版）**
著作责任者：张丽萍　徐　锋　主编
策 划 编 辑：赖　青　张永见
责 任 编 辑：李娉婷
标 准 书 号：ISBN 978-7-301-19639-7/TM·0042
出　　版　　者：北京大学出版社
地　　　　址：北京市海淀区成府路 205 号　100871
网　　　　址：http://www.pup.cn　http://www.pup6.cn
电　　　　话：邮购部 62752015　发行部 62750672　编辑部 62750667　出版部 62754962
电 子 邮 箱：pup_6@163.com
印　　刷　　者：北京虎彩文化传播有限公司
发　　行　　者：北京大学出版社
经　　销　　者：新华书店
　　　　　　　787mm×1092mm　16 开本　12.5 印张　285 千字
　　　　　　　2008 年 5 月第 1 版
　　　　　　　2012 年 9 月第 2 版　2021 年 1 月第 4 次印刷(总第 6 次印刷)
定　　　　价：35.00 元

前　言

"电路分析基础"是电类专业的一门专业基础课程，其任务是使学生具备高素质技能型人才所必需的电路分析基本知识，为学生学习后续专业课程奠定电路理论基础。

本书在《电路分析基础》第 1 版内容上做了较大调整，突出"做中学，学中做"，使读者参与学习的过程，而不再是枯燥地学习理论，引导读者自己推导总结电路定律、知识要点等。本书理论知识的选取以"必需，够用"为原则，尽量减少数学论证，以掌握概念、应用和分析方法作为重点。

本书共包括 7 个项目，每个项目有明确的知识目标和能力目标，项目中增加实训任务和常用仪器仪表的使用等，以使读者更好地理解理论，同时通过拓展阅读、小知识等形式增加信息量。

本书主编是张丽萍、徐锋，副主编是金珍珍、杨彦青。其中项目 3、项目 4 由金珍珍编写，项目 6 由杨彦青编写，其余项目由张丽萍编写并由徐锋进行全书统稿。在本书编写和审稿过程中，台州职业技术学院潘行心、方正东提出了许多宝贵意见，给予了很大帮助，在此表示深切的感谢！

本书建议授课学时为 90 学时左右，教学环境最好选在一体化教室，采用"教、学、做"一体的教学模式。各项目参考学时数见下表。

项　目	建议学时	项　目	建议学时
项目 1　手电筒电路的分析与测试	22	项目 5　变压器的使用	6
项目 2　模拟万用表的分析与制作	18	项目 6　三相异步电动机的安装	12
项目 3　日光灯电路的分析与安装	16	项目 7　延时灯开关电路的分析	12
项目 4　收音机电路	4		

由于时间仓促和编者水平有限，书中不妥之处在所难免，殷切希望使用本书的老师、同学和其他读者批评、指正，以便今后修订提高，作者邮箱是 zlp9943@163.com。

编　者

2012 年 4 月

目　　录

项 目 1

手电筒电路的分析与测试

知识目标	了解电路的基础知识 掌握电流、电压、电功率等电路变量的概念 熟悉电路的基本概念和电阻、电容、电感三大基本元件 掌握实际电压源和电流源的特性 理解并掌握基尔霍夫电流定律(KCL)和电压定律(KVL)
能力目标	会正确使用万用表测量电阻、电压和电流 能够正确计算并分析元件功率 能读懂简单电路图，安装电路 能够利用仿真软件 Multisim 绘制电路图并仿真

引例

手电筒是人们日常生活中一种常用的工具,其实物图如图 1.1 所示。图 1.2 是手电筒结构示意图,当开关闭合时,电路形成闭合回路,手电筒发光。

图 1.1 手电筒实物图

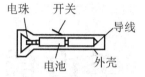

图 1.2 手电筒结构示意图

通常对电路的分析和计算是对电路模型而言的,而手电筒的电路模型是怎样的? 在电路中还需要考虑哪些电路变量? 下面就将对这些问题进行解答。

1.1 电路基本概念

实际电路是由各种电器按一定的方式互相连接而成的电流通路。它的主要功能是实现电能或电信号的产生、传输、转换和处理。一般来说,不管电路复杂与否,都可将其分为 3 部分: 一是提供动力的电源; 二是消耗或转换电能的负载; 三是联接和控制电源与负载的导线、开关等中间环节。这 3 个部分在任何电路中都是缺一不可的。

为了方便地分析和研究电路,用能够反映其主要电磁特性的理想元件来代替实际的电路元件,而构成的抽象电路称为"电路模型"。电路模型反映了各种理想元件在电路中的作用和相互之间的连接方式,并不表示元件之间的真实几何关系和实际位置。另外,在电路模型中,连接各元件的导线也被认为是理想元件,其电阻忽略不计。

图 1.3 所示为实际手电筒电路的电原理图与电路模型图。手电筒电路中,灯泡表现出来的性质与电阻相同,因此灯泡在电路模型中用 R 表示; 而电池在电路中表现出来的性质相当于电压源与电阻(电池内阻 r)的串联组合,因此在电路模型中用电压源 U_s 与电池内阻 r 串联组合来表示电池。

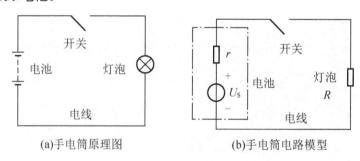

(a)手电筒原理图   (b)手电筒电路模型

图 1.3 手电筒电路原理图和电路模型

说明

将一个电气元件理想化是有条件的,在不同的条件下,如果电气元件表现出不同的特性,那么它的模型也不一样,构成的电路模型也就不同。

本书后面提到的电路图，除特别说明外，都指电路模型，其中的元件都是理想元件。对于一个电器元件，可能会有不同的模型，表1-1给出了部分常用电器元件的模型。

表 1-1　常用电气元件模型

电阻		电压源		PNP 三极管	
				NPN 三极管	
可变电阻		电流源		二极管	
				晶体	
电容		受控电压源		扬声器	
电感		受控电流源		麦克风	
开关		电池		灯泡	
		脉冲信号		插座	
延时		地		保险丝	

1.2　电 路 变 量

1.2.1　实训：认识基本电路组成及测量电压、电流

在电路板焊接或在实验台上搭接图1.4所示的电路，如图1.5所示。当发光二极管点亮时，表明电路形成一个电流通路，用万用表测两点电压及回路电流值。

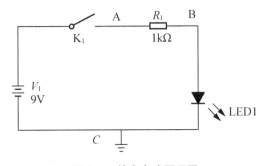

图 1.4　基本电路原理图

图 1.5　实物照片

1. 训练目的

通过任务训练了解电路的组成以及电压、电流的基本概念。

掌握利用万用表测电压、电流的方法。

掌握电位的概念、电压与电位的关系。

理解电压、电流参考方向的含义,以及参考方向与实际方向之间的关系。

2. 任务分析

电路由提供动力的电源、消耗电能的电阻、转换电能的发光二极管、连接导线构成,电源和电阻将在后面介绍,发光二极管是能将电信号转换成光信号的结型电致发光半导体器件,在低电压(1.5~2.5V)、小电流(5~30mA)的条件下工作,即可获得足够高的亮度。只要发光二极管正向电流在所规定的范围之内,它就可以正常发光。

发光二极管使用注意事项如下。

(1) 管子极性不得接反,一般来说引线较长的为正极,引线较短的是负极。

(2) 使用时各项参数不得超过规定极限值。正向电流不允许超过极限工作电流值,长期使用温度不宜超过75℃。

(3) 需要焊接时,焊接时间应尽量短,焊点不能在管脚根部,焊接时宜用中性助焊剂(松香)或选用松香焊锡丝。

3. 任务实施

(1) 用万用表测两点电压及回路电流值,见表1-2。测量时,万用表红表笔接下标指示的第一个字母所在位置,黑表笔接第二个字母所在位置。

表1-2 电压及回路电流值

	U_{AB}	U_{BC}	U_{CA}	I_{AB}
第一组				
	U_{BA}	U_{CB}	U_{AC}	I_{BA}
第二组				

万用表使用注意事项如下。

① 如果无法预先估计被测电压或电流的大小,则应先将万用表拨至最高量程挡测量一次,再视情况逐渐把量程减小到合适位置。测量完毕,应将万用表量程开关拨到最高电压挡,并关闭电源。

② 满量程时,仪表仅在最高位显示数字"1",其他位均消失,这时应选择更高的量程。

 思考

① 测量数据单位是什么?

② 数据正、负号有什么含义?

(2) 选择C点作为参考点,测量A点电位(即A点和C点之间的电压值)及A、B两点之间的电压值为

$U_A = $ _____ $U_B = $ _____ $U_{AB} = $ _____

选择B点作为参考点,测量A点电位(即A点和B点之间的电压值)及A、B两点之间的电压值为

$U_A = $ _____ $U_B = $ _____ $U_{AB} = $ _____

思考总结

① 对于同一个电路，各点的电位与参考点的选择是否有关系？电压与参考点的选择呢？

② U_{AB} 与 U_A、U_B 之间有什么关系，即电压与电位之间有什么关系？

1.2.2 电流

人们把带电的粒子(微粒)称为电荷，而电荷的定向移动则形成电流。

在通常情况下，带电粒子作无规律的杂乱运动，例如金属导体中的自由电子杂乱无章的热运动，但由于内部电荷的运动总体上体现不出方向，因此不能构成电流。但是这些电荷在一定条件下(如处在电场中时就会受到电场力的作用)会作定向移动，这样就构成了电流。

1. 电流的方向

带电粒子之所以作定向移动是因为受到了电场力的作用。若在训练任务时把电路中的9V电源移除，电路中还会有电流吗？

电流产生时，正电荷与负电荷在电路中受到的电场力的方向是相反的，因此它们的移动方向也是相反的。为了便于分析电路，必须对电流的方向作出明确规定。

人们规定正电荷的移动方向为电流的实际方向。电流的实际方向与负电荷的移动方向相反。应当指出的是，在金属导体中形成电流的定向移动的电荷是自由电子；电解液中是正离子与负离子；而在半导体中则为电子与带正电的"空穴"。

2. 电流强度

电流强度是用来衡量电流大小的物理量。人们把单位时间内通过导体横截面的电荷量定义为电流强度。电流强度又简称为电流，用符号 i 表示。

设在一段时间 $\mathrm{d}t$ 内，通过导体横截面的电荷量为 $\mathrm{d}q$，则电流 i 为

$$i = \frac{\mathrm{d}q}{\mathrm{d}t} \tag{1-1}$$

在国际单位制中，q 为电荷量，单位为库［仑］(用 C 表示)；t 是时间，单位是秒(用 s 表示)；式(1-1)中的 i 为电流，单位为安［培］(用 A 表示)。

在电力电路中会用到一些比"安培"大一些的电流单位，例如千安(kA)；而在信号电路中则经常会用到比"安培"小一些的电流单位，例如毫安(mA)和微安(μA)等。

这些单位之间的换算关系如下

$$1\mathrm{kA} = 1\,000\mathrm{A}, \quad 1\mathrm{A} = 1\,000\mathrm{mA}, \quad 1\mathrm{mA} = 1\,000\,\mu\mathrm{A}$$

特别提示

"电流"这个词有两个含义，它既表示一种物理现象，即电荷的移动，同时又是一个物理量，即电流强度。

3. 电流的参考方向

在任何一个电路中，电流的实际方向都是确定的，这是不容置疑的。只不过在简单电路中，电流的实际方向是很容易确定的，例如任务1中图1.4基本电路原理图的电流方向

就很容易确定。而在分析复杂直流电路或在分析交变电路时，人们有时很难用实际电流方向进行分析计算，这是因为在进行分析计算之前很难事先判断其中电流的实际方向。

例如，在图1.6所示的复杂直流电路中，很难立即确定支路a→e→c中的电流的实际方向，这会给分析和计算电路带来一定的困难。

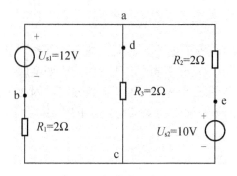

图1.6　复杂直流电路图

为了解决这一难题，也是出于分析计算电路的需要，引入"电流参考方向"的概念，参考方向又称为假定正方向，简称正方向。

所谓参考方向，就是在一段电路中，根据需要任意假定某一方向为电流的正方向，即参考方向，并用箭头在电路中标识出来，以此参考方向作为进行电路分析和计算的依据。当参考方向与实际电流方向一致时电流为正值，与实际电流方向相反时为负值。

进行实际电路测量时红、黑表笔的连接就是参考方向的确定过程，再根据测量数值的正负判断电流的实际方向。

例如，图1.7所示电路中箭头所指的方向就是各支路的参考方向，但它并不代表实际方向。

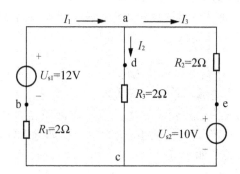

图1.7　复杂直流电路各支路电流参考方向

通过对电路图1.7的计算(具体计算过程目前不介绍)，求得各分支电路的电流分别是

$$I_1=7/3(\text{A})，I_2=11/3(\text{A})，I_3=-4/3(\text{A})$$

这个结果说明，支路a→b→c与支路a→d→c中的实际电流方向与箭头方向(参考方向)是一致的；而支路a→e→c中的实际电流方向与箭头方向(参考方向)相反。

由以上分析可以知道，只有在标出了电流的参考方向后，电流数值的正负才有意义；即电流$i>0$，表明电流的实际方向与所确定的参考方向一致；反之若$i<0$，表明电流的实际方向与所确定的参考方向相反。用万用表测量电流也是如此，先任意选定电流参考方

向，万用表红表笔指向黑表笔即为所选参考方向，将万用表接入电路测量电流的同时实际上已经选定了参考方向，再根据测量数值判断电压实际方向。

 小知识

用万用表测电流的方法(数字万用表型号为 DT9205)

交直流电流的测量：将量程开关拨至 DCA(直流)或 ACA(交流)的合适量程，红表笔插入 mA 孔(<200mA 时)或 10A 孔(>200mA 时)，黑表笔插入 COM 孔，如图 1.8(a)所示，并将万用表串联在被测电路中(将待测支路断开，万用表红、黑表笔分别接电路断开处)即可。测量直流电时，数字万用表能自动显示极性，图示方向的电路电流为 4.92mA，如图 1.8(b)所示。

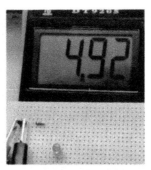

(a)万用表挡位选择　　　　　　(b)表笔连接方法

图 1.8　用万用表测电流

 **拓展阅读**

电流的种类

根据电流的大小、方向与时间之间的关系，可将电流分成恒定电流、脉动直流电流、变动电流 3 种。

(1)恒定电流：恒定电流简称直流(常用字母 DC 来表示)，是一种大小、方向都不随时间的变化而变化的电流，如图 1.9(a)所示。通过直流电流的电路称为直流电路，例如前面提到的手电筒电路就是一个直流电路。直流电路是电路分析的基础。

直流电路的电流强度用 I 表示，显然，对于直流电流，在任意相同的时间间隔内通过导体横截面的电荷量都是相同的，所以式(1-1)可简化为

$$I = \frac{Q}{t}$$

(2)脉动直流电流：大小随时间变化，而方向不变的电流称为脉动直流。很多由交流通过整流而得到的直流电流往往是脉动直流。图 1.9(b)所示的就是一种脉动直流电流。脉动直流电路是直流电路的一种。

(3)变动电流：大小、方向都随时间变化的电流称为变动电流。其中大小和方向都呈周期性变化、且一个周期内的平均值为零的电流称为交变电流，简称交流(常用字母 AC 来表示)，图 1.10 所示的就是常见的正弦交流电的波形。

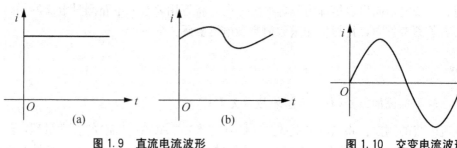

图 1.9 直流电流波形   图 1.10 交变电流波形

图 1.10 中的变动电流 $i<0$ 部分与电流 $i>0$ 部分的方向是相反的；电流 $i>0$ 部分说明与参考方向相同，$i<0$ 部分说明与参考方向相反。由此可见，参考方向的引入也解决了变动电流方向的描述问题。

1.2.3 电压、电位

1. 电压

电压是衡量电场力推动电荷运动、对电荷做功的能力大小的物理量。如同水压是产生水流的原因一样，电压是电路中产生电流的根本原因。a、b 两点之间的电压 U_{ab} 在数值上等于电场力把单位正电荷从 a 点移到 b 点所做的功。

在国际单位制中，U 表示电压，单位为伏［特］（用 V 表示）。在实际应用中，电压经常还会用到较大一点的单位，即千伏(kV)，以及较小的单位毫伏(mV)和微伏(μV)，它们之间的换算关系为

$$1kV=1\,000V, \quad 1V=1\,000mV, \quad 1mV=1\,000\,\mu V$$

通常电路中两点之间的电压用下标表示方向，例如 A 点到 B 点的电压（电场力把单位正电荷从 A 点移到 B 点所做的功）用 U_{AB} 表示，B 点到 A 点的电压用 U_{BA} 表示。

2. 电位

电位是用于表征电场（电路）中不同位置电荷所具有的能量大小的物理量，正如水位可以用于描述水的势能的大小一样。

如果在电路中任意选定一个电位参考点，并且规定参考点本身的电位为零，那么就可以定义空间某点的电位在数值上等于将单位正电荷从该点移到参考点电场力所做的功。在图 1.4 训练任务的电路中，若规定 C 点为参考点，则 C 点电位为 0V，A 点电位为 9V；若规定 A 点为参考点，则 C 点电位为 −9V，A 点电位为 0V。

显然，电位是一个相对量，其量值与所选参考点有关。参考点不同，电场中各点的电位也不相同。在一个电场中，只有当参考点选定以后，电场中各点的电位才变得有意义。这一点同人们日常生活中描述水位高低也是一样的，通常人们总是以地面作为参照物；若参照物不同，则水位高低的意义就不一样；若没有参照物，则不能用高低来描述水位。

在国际单位制中，电位的单位是伏［特］，用 V 表示。

3. 电位与电压的关系

电场（或电路）中任意两点之间的电压等于这两点之间的电位差。a、b 两点之间的电

压 $U_{ab}=V_a$（a 点的电位）$-V_b$（b 点的电位），若某电路 a 点电位为 4V，b 点电位为 1V，则 U_{ab}、U_{ba} 分别是多少？

在如图 1.11(a) 所示的电路中，当选择 c 点作为参考点时（即 $V_c=0V$），通过计算可以确定 a 点的电位在 $V_a=8V$；b 点电位 $V_b=5V$；而 a、b 间的电压 $U_{ab}=V_a-V_b=8V-5V=3V$。

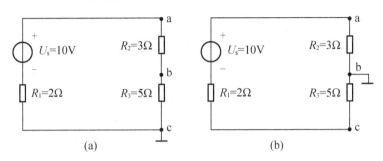

图 1.11　参考点与电位的关系

问题

当选取 b 点作为参考点时［如图 1.11(b) 所示］，a 点电位 V_a，c 点电位 V_c，a、b 间电压 U_{ab} 是多少？

特别提示

电位的高低与参考点选择有关，但是两点之间的电压（电位差）却与参考点无关。这一点又与水位、水位差的意义相同。

4. 电压的实际方向与参考方向

为了能方便地分析实际电路，对电路中电压的方向也作了规定：在电场力作用下正电荷移动的方向（即电位降低的方向）为电压的实际方向。

在实际处理中，有的电路可能很难立即确定两点间电压的实际方向。在这种情况下可以根据需要任意选定某一方向作为电压的参考方向，当计算结果的数值为正时，表明其实际方向与参考方向一致；数值为负时，则与参考方向相反。

用万用表测量电压也是如此，先任意选定电压参考方向，万用表红表笔所接即所选参考方向的高电位点，黑表笔所接为所选参考方向的低电位点，再根据测量数值判断电压实际方向。

在电路图中，电路两点间的电压的参考方向通常采用两种方法来表示。一种方法是用箭头来表示电压的参考方向；另一种方法是用参考极性来表示方向。高电位点用"＋"表示，并称之为正极，低电位点用"－"表示，并称之为负极，如图 1.12 所示。

在图 1.12(a) 中，若计算结果 $U=3V$，则说明 a、b 两点间的电压的实际方向与参考方向一致，a 点电位高于 b 点电位。而在图 1.12(b) 中，若计算结果 $U=-3V$，则说明 a、b 两点电压的实际极性与参考极性相反，实际应当是从 b 指向 a，即 b 点电位高于 a 点电位。

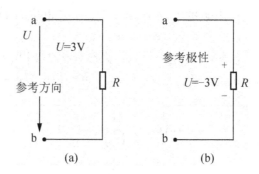

图 1.12　电压参考方向与实际方向

　小知识

万用表测电压方法(数字万用表型号 DT9205)

交直流电压的测量：根据需要将量程开关拨至 DCV(直流)或 ACV(交流)的合适量程，红表笔插入 V/Ω孔，黑表笔插入 COM 孔，如图 1.13(a)所示，并将表笔与被测线路并联(将红、黑表笔直接接在被测元件或支路两端)，即可显示读数，图 1.13(b)所示方向的电阻两端电压为 4.92V。

　注意

测量 U_{ab}、U_{ba}时红表笔与黑表笔所接的位置不同。

(a)万用表挡位　　　　　　　(b)表笔连接方法

图 1.13　用万用表测电压

　拓展阅读 2

电　动　势

在电路中，要维持电流的不断流动，就必须有电源的存在。电源的作用是通过非电场力(电源力)把正电荷又从低电位端移回到高电位端。电动势就是用来衡量电源将正电荷从电源负极(通过电源内部)移到正极的能力大小的物理量。图 1.14 给出了几种电源外形图。

图 1.15 是电场力与电源力做功示意图，图中蓄电池外部的电路称为外电路，蓄电池内部的电路称为内电路。在外电路上，电场力(F_1)将正电荷从高电位点(a 点)移动到低电位点(b 点)，电场力对正电荷做正功，正电荷将电能传送给了电灯而自身失去能量。当正电荷移动到低电位端后又在电源力(F_2)的作用下通过电源内部移动到高电位端，正电荷又获得了能量。如此不断循环，使电路获得源源不断的电流。

(a)电池

(b)蓄电池

(c)稳压电源

图 1.14 几种常见电源

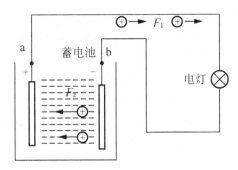

图 1.15 电场力与电源力做功示意图

由此可见，电路系统实际上就是一个能量转换系统，电荷通过电源内部(内电路)时获得电能，而通过外电路时又将电能输送给外电路中的负载。

电源的电动势在量值上等于电源将单位正电荷从电源的低电位端通过电源内部移到高电位端所做的功。

结论：电动势的单位和电位、电压的单位完全一致。它们具有相同的量纲，但是却有本质的区别。电动势是一个描述电源的物理量，是针对一个电源而言的，它可以离开电路独立存在；而电压是电路中的一个变量，在所处的电路中随电路参数的变化而变化。

1.3 电阻元件及功率

1.3.1 电阻元件

1.电阻基本知识

电荷在导体中定向移动形成电流，电荷在移动过程中相互之间以及与其他微粒发生碰撞，从而阻碍电荷的移动，表现出对电荷移动的"阻碍"作用，这种性质称为"电阻"。通常说某个元件是电阻，实际上有两层含义，其一是指该元件具有"电阻"的性质，其二则是指元件本身是一个电阻器。

电荷定向移动碰撞其他微粒时要消耗自身的电能，导致其他微粒的热运动加速，使导体本身发热和温度升高。因此电路中电阻的存在往往伴随有能量的损失，这种现象称为电阻的电流热效应。

电阻的英文名为 Resistance，通常缩写为 R，它是导体的一种基本性质。不同材料、不同尺寸和不同温度的导体对电流的阻碍作用不同，可以利用材料的这种性质制成各式各样的"电阻器"。例如人们日常生活中使用的电炉，其发热丝就是用导体绕制而成的"电阻器"，电炉直接利用电阻的电流热效应来工作。电阻对电流的阻碍作用是可以量化的，在国际单位制中，它的量化单位是欧［姆］，用符号 Ω 表示。

一段导体的电阻大小与导体本身的长度成正比，与导体截面积成反比，并与导体材料性质有关。材质均匀一致的导体，其电阻的数学表达式为

$$R = \rho \frac{L}{S} \tag{1-2}$$

式(1-2)也称为电阻定律。若电阻 R 的单位取 Ω，导体长度 L 的单位为 m，导体截面积 S 的单位为 m^2，那么电阻率 ρ 的单位为 Ω·m。

当然，实际的电阻器在工作中还会表现出比较微弱的电磁现象，如产生磁场等。为突出实际元件对电流的阻碍作用，即在其内部进行着把电能转换成热能等不可逆过程的这一主要特征，忽略其一些次要特征，这样就可把实际的电阻器抽象为一种理想的电路元件，即电阻元件，其电路图形符号如图 1.16 所示，电阻实物图如图 1.17 所示。

在实际应用中，白炽灯、电烙铁等电热电器都是以消耗电能而发热或发光为主要特征的电路器件，在电路模型中都可以用电阻元件来表示。

电阻器的种类有很多，通常分为三大类：固定电阻、可变电阻、特种电阻，如图 1.18 所示。在电子产品中，以固定电阻应用最多。

图 1.16　电阻元件的符号　　　图 1.17　电阻实物图

　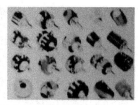　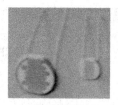　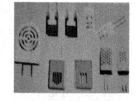

(a)贴片电阻　　　(b)电位器旋钮　　　(c)光敏电阻照片　　　(dt)湿敏电阻照片

图 1.18　其他电阻实物图

电阻 R 的国际单位用 Ω 表示，在实际应用中，电阻还会用到大一些的单位，如 kΩ（千欧）和 MΩ（兆欧），它们之间的换算关系如下

$$1(M\Omega) = 1\,000(k\Omega) = 1\,000 \times 10^3 (\Omega)$$

G 是 R 的倒数，称为电导，单位为西［门子］（S）。电导是导体材料对电流阻碍作用的另一种描述方式，与电阻的本质是一样的，也是由导体性质决定的。显然，G 越大，导

体对电流的阻碍作用越小。在分析电路时，有时采用 G 更方便 $G = \dfrac{1}{R}$。

2. 欧姆定律

欧姆定律(Ohm's Law)是描述电阻上电压与电流约束关系的一条最重要的定律，它是电路分析中很重要的工具之一。欧姆定律揭示了电阻元件的伏安特性，伏安特性与元件本身的性质有关，其仅取决于元件本身。

欧姆定律定律表述如下：在电路中，流过电阻的电流与电阻两端的电压成正比而与电阻的阻值成反比。

在实际电路中，当电阻 R 上的电压 u、电流 i 的参考方向一致时，欧姆定律的数学表示式为

$$i = \frac{u}{R} = uG \qquad (1-3)$$

 注意

直流电路中欧姆定律表示为 $I = \dfrac{U}{R} = UG$

当电压、电流参考方向不一致时，欧姆定律的数学表示式为

$$i = -\frac{u}{R} = -uG \qquad (1-4)$$

练习

列出图 1.19 所示电路的欧姆定律的数学表达式，并求电阻 R 为多少。

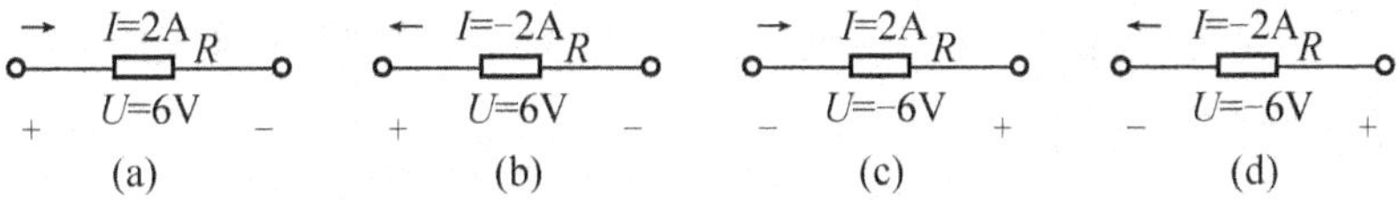

$\xrightarrow{\quad} \underset{U=6V}{\overset{I=2A}{\square}} R$　　$\xleftarrow{\quad} \underset{U=6V}{\overset{I=-2A}{\square}} R$　　$\xrightarrow{\quad} \underset{U=-6V}{\overset{I=2A}{\square}} R$　　$\xleftarrow{\quad} \underset{U=-6V}{\overset{I=-2A}{\square}} R$

(a)　　　　　　(b)　　　　　　(c)　　　　　　(d)

图 1.19　欧姆定律练习

1.3.2　功率

1. 功率的计算

一个电路中有电源也有负载，电路能实现特定的能量、信号的转换。为了描述电路中各部分能量的消耗或提供电能的速度，下面引进一个新概念——电功率。

单位时间内电能的变化率称为电功率，简称功率，并用字符 p 表示，其数学定义可表示为

$$p = \frac{\mathrm{d}w}{\mathrm{d}t}$$

在电路分析中，一般更关注功率与电流、电压之间的关系。为了便于分析与计算，往往使一段电路(或一部分)的电流与电压的参考方向保持一致，这样所取的电压、电流参考方向称为参考方向关联。此时这段电路的功率为

$$p = ui \qquad (1-5)$$

在直流电路中，由于电路中的电压与电流均是恒定的，因此功率计算公式(1-5)可以

写成以下形式

$$P=UI \tag{1-6}$$

可见，对于一个元件、一段电路、一条支路或者一端口网络，其消耗(或吸收)的功率等于作用在其上的电压与电流的乘积。

在电压与电流参考方向相关联的条件下，若计算结果 $p>0$，说明这部分电路在吸收功率；若计算结果 $p<0$，说明这部分电路在吸收负功率，电路实际上在发出功率。

当电压与电流的参考方向不一致时，若计算结果 $p>0$，说明这部分电路实际在发出功率；若计算结果 $p<0$，说明这部分电路实际在吸收功率。

在实际计算时，为了方便记忆和计算，一般总是取电压与电流的参考方向相一致，即电压与电流相关联。

2. 线性电阻元件吸收的功率

线性电阻元件两端电压与流过电流取关联参考方向时，该元件吸收的功率为

$$p=ui=i^2R=\frac{u^2}{R}=u^2G>0$$

 **特别提示**

在电压与电流参考方向相关联时，电阻元件上的功率总是正值，说明电阻在电路中总是消耗电能，因此说明电阻是一种耗能元件。

3. 功率的单位

在国际单位制中，功率的单位是瓦特(W)，1瓦特就是每秒做功或消耗能量1焦耳，即 $1W=1J/s$。工程上常用的功率单位还有兆瓦(MW)、千瓦(kW)和毫瓦(mW)等，它们之间的换算关系如下

$$1MW=10^6W, \quad 1kW=10^3W, \quad 1mW=10^{-3}W$$

在配电电路中经常会看到一种功率的计量装置，即功率表，也称为瓦特表，其记录的就是单位时间的电能(功率)。

有了功率的概念，下面再来讨论一下实际应用中的电器(元件)的额定值问题。电器的额定值是制造厂家为了保证安全、正常使用电器而给出的对电压、电流或功率的限制数值。

例如，一只灯泡上标明220V、60W，就表示这只灯泡接220V电压时，消耗的功率为60W，此时灯泡工作正常。若接到380V电压上，则属于不安全使用，灯泡将被烧坏。若接到110V电压上，也属于不正常使用，此时灯泡消耗功率小于60W，会比较暗。

【例1.1】 试求图1.20中各框图所代表元件的功率。

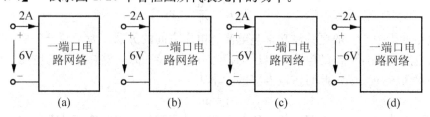

图1.20 例1.1图

解：图 1.20 所示电路中的电流与电压的参考方向相关联。图中方框可以代表一个电气元件，也可以代表一部分电路。

在图(a)中，$P=UI=6\times2=12\mathrm{W}>0$，因此方框内电路总体在消耗电能。

在图(b)中，$P=UI=6\times(-2)=-12\mathrm{W}<0$，因此方框内电路总体在释放电能。

在图(c)中，$P=UI=(-6)\times2=-12\mathrm{W}<0$，因此方框内电路总体在释放电能。

在图(d)中，$P=UI=(-6)\times(-2)=12\mathrm{W}>0$，因此方框内电路总体在消耗电能。

方框内的电路由可能由较多的元件构成，有的元件在吸收电能，而有的元件则可能在释放电能，这里的"总体"是指元件吸收的电能与释放的电能相互抵消以后的"净"功率。

【例 1.2】 试求图 1.21(a)所示电路中各元件上的功率与电路的总功率。

解：图 1.21(a)中的电路 abc 是一条分支，分支中有两个元件，即一个电阻和一个理想电源。电阻在电路中是消耗电能的元件；而电源在一般情况下向外输送电能，个别情况也可以是电流向电源充电，例如蓄电池充电，在这种情况下电源消耗电能而成为一个负载。

图 1.21(a)中的电流参考方向与电压参考方向相关联，可以把这条分支看成是一个整体，用一个一端口网络来替代，则图 1.21(a)可以转化为图 1.21(b)所示电路。

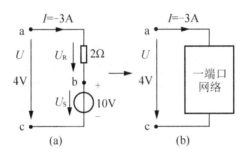

图 1.21 例 1.2 图

该一端口网络的功率如下

$$P_{ac}=UI=4\times(-3)=-12\mathrm{W}<0$$

在电压与电流参考方向相关联的前提下，$P_{ac}<0$ 说明该一端口网络实际上在发出电功率，这一点也可以通过对分支上的每一元件的功率进行计算来说明。

图 1.21(a)中每个元件上电压与电流的参考方向也是相关联的，此时电路中各元件的功率计算如下

$$P_R=U_R I=I^2 R=(-3)^2\times2=18\mathrm{W}>0$$

$P_R>0$ 说明电阻在消耗电能。事实上电路中的电阻在电流不等于 0 的情况下，都要消耗电能，因此电阻也被称为耗能元件。

$$P_S=U_S I=10\times(-3)=-30\mathrm{W}<0$$

$P_S<0$ 说明电源没有消耗电能，反而向它以外的电路提供（发出）了 30W 的功率。

对该一端口网络中的两个元件而言，电源在单位时间内输出 30W 的功率，电阻在单位时间内消耗了 18W 的功率，总体上该一端口网络还有 12W 的功率输出，这与前面针对图 1.21(b)计算的结果是相符的。

小问答

有一个100Ω、额定功率为1W的电阻串接在电路中，试问在使用时电阻上的电流、电压不能超过多大的数值？

 拓展阅读 3

电　能

电能是电功率对时间的积分，用字符W表示。在从t_0到t的时间内电路吸收的能量可表示如下

$$W=\int_0^t p\mathrm{d}t=\int_0^t u\times i\times \mathrm{d}t \int_0^t \qquad (1-7)$$

在式(1-7)中，当p的单位是瓦(W)时，电能W的单位为焦耳，符号为J。1J的能量等于功率为1W的用电设备在1s内消耗的电能。日常生活中常用的电能单位是千瓦时(kW·h)，也就是人们通常讲的"度"。例如，1(kW·h)称为1"度"电。电能单位的换算如下

$$1度=1(kW·h)=1\,000(W)\times 3\,600(s)=3.6\times10^6(J)$$

每家每户都装有一个电能的计量装置，即电度表，俗称"火表"，其记录的值就是kW·h，即"度"。电度表记录的不是单位时间的能量(功率)，而是整个用电时间内的能量的积累。

 小问答

某学校共有10个教室，每个教室配有16只额定功率为40W、额定电压为220V的日光灯管，平均每天用电4小时，问每月(按30天计算)所有教室共耗电多少度？

 拓展阅读 4

色环电阻阻值识别

电阻器的国际色标分为4圈色环和5圈色环，颜色和数字的对应关系见表1-3，这种规定是国际上公认的识别方法。

表1-3　色环电阻阻值识别

颜色	棕	红	橙	黄	绿	兰	紫	灰	白	黑	金	银	无色
数字	1	2	3	4	5	6	7	8	9	0	−1	−2	—
误差	1%	2%			0.5%	0.25%	0.1%	0.05%			5%	10%	20%

　　4环电阻用4条色环表示阻值的电阻，4条色环中，有3条相互之间的距离比较近，而第4环距离稍微大一点，如图1.22所示。从左向右数，第1、2环表示两位有效数字，第3环表示数字后面添加"0"的个数，即倍率，第4环表示误差。

　　图1.22所示电阻值为：270Ω±10%或27×10^1 Ω±10%。

　　5个色环电阻的识别：第1、2、3环分别代表3位有效数的阻值；第4环代表倍率；第5环代表误差。

　　图1.23所示电阻值为：187000Ω±2%或187×10^3 Ω±2%，表示187kΩ±2%。

图 1.22　4 环电阻　　　　　　　图 1.23　5 环电阻

色环电阻实物图如图 1.24 所示。

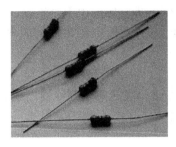 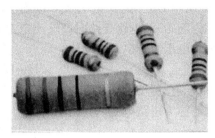

图 1.24　色环电阻实物图

1.4　电　　源

任何一个电路都离不开电源，电源是电路中产生电流的动力。前面的任务中已经用到电源，人们在生活中也接触过各种各样的电源，如干电池、稳压电源、各种信号源，以及日常生活中的交流电源等。

1.4.1　独立电压源

所谓独立电源是指其对外特性由电源本身的参数决定，而不受电源之外的其他参数的控制。

大家都知道，当干电池是新的时候，手电筒很亮，用了一段时间后就慢慢地变暗了，这是为什么呢？

原因在于干电池内部存在内电阻。随着使用时间的增加，其内电阻不断增大，使得流过整个电路的电流下降了，灯泡也就随着变暗。

任何一种电源的内部都存在电阻，由于这种电阻存在于电源的内部，因此也称之为内阻。有的电源内阻大，有的电源内阻则相对较小。在日常生活中人们经常会遇到如下一些常见情况，这正是电源内部存在内阻的表现。

现象一：电源工作一段时间后，例如各种充电器、变压器、稳压电源等其表面会变热发烫。因为电源在向外输送电能的同时，电源内阻也在不断消耗电能而使电源发热。

现象二：在日常生活中，当处于晚上的用电高峰期时，家庭中使用的照明灯（特别是白炽灯）的亮度会下降。原因就是随着电源输出电流的增加，在电源内部电阻和线路上损失的电压过大而导致输出电压下降。

1. **实际电源的电压源模型**

电源存在内阻，电源的输出电压随着输出电流的增加而减小。电源的这种特点可以通过对图 1.25 所示电路的分析来理解。

图 1.25 的虚线方框内是一个实际电源等效后的电压源模型，图中 U_S 是一个定值电压，其大小等于实际电源的电动势；r 则表示电源的内阻；I 表示电源输出的电流；而 ab 间电压 U 则表示该电源的实际输出电压，其大小可以用如下数学公式表示

$$U=U_\mathrm{s}-Ir \qquad\qquad (1-8)$$

在图 1.26 所示的电路中，将开关 S 拨到位置 1，即实际电源不接负载，这种情况称为"开路"（或称为断路）。电路开路时，输出电流 $I=0$，此时电源内阻上的电压损失为零，实际电源的输出电压等于电源电动势，即

$$U=U_\mathrm{s}$$

当开关 S 拨到位置 2，当实际电源被短路时，输出电压等于零，输出电流达到了最大值，此时的电流称为短路电流，其大小为

$$I_\mathrm{s}=\frac{U_\mathrm{s}}{r}$$

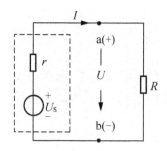

图 1.25 电压源模型及电压源外特性

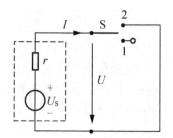

图 1.26 电压源的开路与短路

特别提示

由于电源的内阻一般都很小，因此短路时电流很大。短路电流可以在很短的时间内损坏电路（或电路中的电器设备）。此短路是一种故障，必须设法加以保护。通常在实际电路中可以看到一些熔断器（俗称保险丝）、空气开关等低压电器，如图 1.27 所示，这些设备就是为了对电路进行短路保护而装设的。

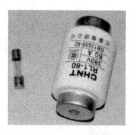

(a)熔断器

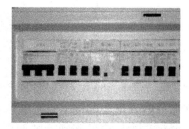

(b)空气开关

图 1.27 短路保护装置

2. 理想电压源模型

电源内阻的存在会造成电源工作时内部发热（消耗电能）和输出电压下降，因此人们总是希望电源的内阻越小越好。事实上电源内阻也是衡量电源性能的重要指标之一。

所谓理想电压源是指电源内阻等于零（即 $r=0$）的电压源。理想电压源的电路模型如图 1.28(a)所示。

实际电源的输出电压 U 与输出电流 I 之间的关系称为电源的外特性。理想电压源的外

特性表达如下

$$U=U_S$$

可见其输出电压 U 是一个与输出电流 I 和外接负载无关的定值，大小等于电源的电动势。由于理想电压源输出电压是一个常数，因此也称其为恒压源。其外特性曲线如图 1.28(b)所示，是一条与电流轴平行的水平线。

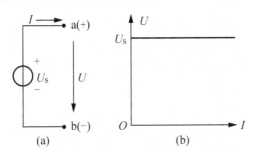

图 1.28 理想电压源与其外特性曲线

在实际生活中理想电压源是不存在的，电压源或多或少存在一定的内阻。讨论恒压源的意义的原因是：现实生活中有些电源的内阻相对负载电阻要小得多，在这种情况下，往往将这样的实际电源近似地看成恒压源而忽略其内阻的存在，这样做有时可以大大简化电路的分析过程，同时又不影响分析计算的精度要求。

人们在实验室中经常使用稳压电源，它的电路模型可以认为是理想电压源模型。干电池不是恒压源，但当干电池外接的电阻 $R \gg r$(干电池内阻)时，也可以近似地把它当做恒压源来处理。

总结

当实际电源的内阻不能忽略时，它的电路模型就可以看成是恒压源与电阻的串联。

【例 1.3】 在图 1.29 所示的电路中，当开关 S 置于位置"1"时，测得电压为 12V；当开关 S 置于位置"2"时，测得电流为 4A，试求实际电源的电动势 U_S 和内阻 r。

解： 电压表的内阻可以看成是无穷大的，因此开关置于位置"1"时，电路处在开路状态，此时电压表的读数就是电源的电动势，即

$$U_S=12V$$

根据电源的外特性式(1-8)也可以证明以上结果，即

$$U=U_S-I\times r=U_S-\frac{U_S}{r+\infty}\times r=U_S-0=12V$$

电流表的内阻很小，可以近似看成是零，因此在计算时可以忽略电流表的存在，即

$$I=\frac{U_S}{r+R}=\frac{12}{r+2}=4A$$

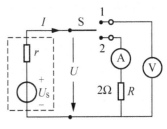

图 1.29 例 1.3 图

所以有

$$r=\frac{12}{4}-2=1\Omega$$

3. 电源的功率

电源作为电路中的一个元件，一般总是充当电路的能量源，即电源输出功率。但是在一定的条件下电源也会成为一个吸收电能的"负载"，在日常生活中对各种蓄电池进行充电就是一个典型的例子。

当电源两端电压与电流参考方向相关联时，它与其他元件一样，当其功率 $p>0$ 时表示电源在吸收电能，当其功率 $p<0$ 时则表示电源在输出电能。

【例 1.4】 试求图 1.30 所示电路中各电源上的功率。

解： 图 1.30 所示电路中有两个实际电压源，图中各电压源的电压与电流参考方向相关联，现计算如下。

对电源 1 的功率 P_1 计算如下

$$P_1=IU_1=I(IR_1-U_{S1})=1\times(1\times1-14)=-13\text{W}<0$$

对电源 2 的功率 P_2 计算如下

$$P_2=IU_2=I(IR_2+U_{S2})=1\times(1\times2+10)=12\text{W}>0$$

$P_1<0$，说明电源 1 在向外输送电能；$P_2>0$，说明电源 2 在吸收电能。若实际电源 2 是蓄电池，则说明该蓄电池正在进行充电，这时该蓄电池实际上成了电路中的一个负载。

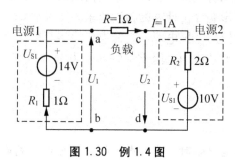

图 1.30 例 1.4 图

1.4.2 独立电流源

在电路分析中，除通常用电压源模型来表示实际电源以外，还可以将实际电源表示成为另外一种模型，即电流源模型。

将电压源的输出电压与输出电流之间存在的关系重写如下

$$U=U_S-Ir$$

由上式可以得出电压源的输出电流为

$$I=\frac{U_S-U}{r}$$

令 $I_S=U_S/r$，则上式可以写成以下形式

$$I=I_S-\frac{U}{r} \tag{1-9}$$

可以用一个等效电路来表示式（1-9）所示的关系，如图 1.31 所示。

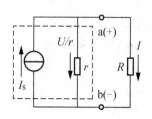

图 1.31 实际电流源模型

对电阻 R 而言，还可以把电源看成是一个电流为 I_S 的恒流源与一个内阻 r 并联的电路，这就是实际电源的电流源模型，

I_S 上的箭头方向表示电流的方向。

当负载开路，即输出电流 $I=0$ 时，端口电压 $U=I_S r$；当负载短路，即 $U=0$ 时，$I=I_S$。

当内阻 $r=\infty$ 时，$I=I_S$，是一个恒定值，此时 $U=I_S R$，U 只与恒流源电流和负载有关，称这种电流源为理想电流源，也称为恒流源，当 $r \gg R$ 时，电源也可当做恒流源处理电路模型，如图 1.32(a)所示。图 1.32(b)所示为理想电流源的外特性曲线。

晶体三极管工作在放大区时，对于给定的输入电流 I_b，其输出电流 I_c 很稳定，可近似地看成是一个恒流源，如图 1.33 所示。

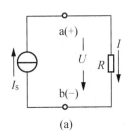
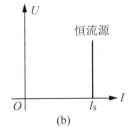
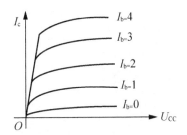

图 1.32 理想电流源电路   图 1.33 三极管输出特性

1.4.3 实训：测量实际电源外特性

1. 训练目的

了解实际电源在电路中的特点。
掌握实际电源的电路模型。

2. 任务分析

在图 1.34(a)所示的电压源电路中，V_1 与 R_1 串联构成实际电压源，其中 V_1(12V)是理想电压源，R_1(100Ω)作为电压源内阻，R2(1kΩ)是负载电阻，在图 1.34(b)所示的电流源电路中，I_1 与 R_3 并联构成实际电流源，其中 I_1(12mA)是理想电流源，R_3 作为电流源内阻，其他元件同上。

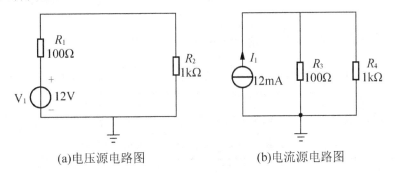

(a)电压源电路图   (b)电流源电路图

图 1.34 电源电路原理图

3. 任务实施

本次训练任务在电路图绘制仿真软件 Multisim 中完成，在 Multisim 软件中绘制电路图，如

图 1.35 所示。XHH1 是电流表，测量电压源输出电流值 I，即电源提供给外电路电流大小，XHH2 是电压表，测量电压源实际输出电压值 U，即负载两端电压。完成如下训练内容。

（1）改变图 1.35(a)中负载 R_2 的值，记录电压表、电流表数值。

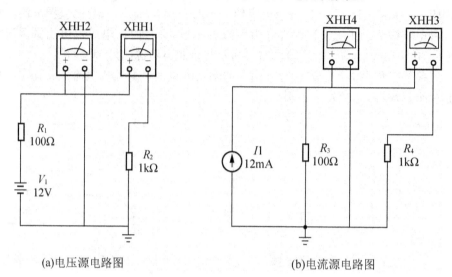

(a)电压源电路图   (b)电流源电路图

图 1.35   Multisim 环境下电源电路图

表 1-4   电压源电路两表数值

$R2/\Omega$	5k	2k	1k	200	100	50	10	∞	0
U/V									
I/mA									
负载功率									

绘制本任务中实际电压源外特性曲线，如图 1.36 所示。

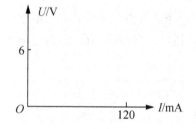

图 1.36   实际电压源外特性曲线

结论

电压源输出电压 U 与电流 I 之间的关系：输出电压 U 与输出电流 I 之间呈线性关系，当电源电动势和内阻不变时，输出电压随输出电流的增加而降低。

思考

在本测量任务中负载开路时的电压、短路时的电流各是多少？理论计算值是多少？

（2）改变图 1.35(b)中负载 R4 的值，记录电压表、电流表数值。

表 1-5   电流源电路两表数值

$R4/\Omega$	5k	2k	1k	200	100	50	10	∞	0
U/V									
I/mA									
负载功率									

绘制本任务中实际电流源外特性曲线，如 1.37 所示。

结论

电流源输出电压 U 与电流 I 之间的关系：

输出电压 U 与输出电流 I 之间呈线性关系，当电源电动势和内阻不变时，输出电压随输出电流的增加而降低。

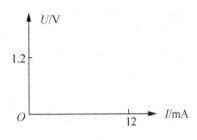

图 1.37   实际电流源外特性曲线

思考

在本测量任务中负载开路时的电压、短路时的电流各是多少？理论计算值是多少？

（3）观察电源功率，在本测量任务中电源功率即负载功率，根据表中数据得到负载最大功率及负载获得最大功率时的条件。

1.4.4   负载获取最大功率的条件

在电子技术和信息系统里，常常会遇到负载如何从电源获得最大功率的问题。负载要想获得最大的功率，就必须同时获得比较大的电压与电流。

电压源与负载的连接电路如图 1.38 所示。电源的电动势为 U_S，内阻为 R_S，负载为可调电阻 R，则负载 R 获得的功率为

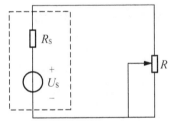

图 1.38   电源与负载的连接电路

$$P = I^2 R = \frac{U_\text{S}^2 R}{(R + R_\text{S})^2} \qquad (1-10)$$

可以用数学求极大值的方法对式（1-10）进行求解（推导过程省略），可得负载获得最大功率时的条件和功率计算公式。

负载获得最大功率时的条件为

$$R = R_\text{S}$$

负载获得最大功率时的功率计算公式为

$$P = P_{\max} = \frac{U_\text{S}^2}{4R}$$

可见，当负载电阻等于电源内阻时，负载获得最大功率。在工程上，把满足最大功率的条件称为阻抗匹配。

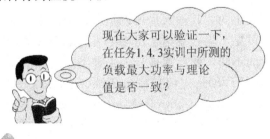

现在大家可以验证一下，在任务1.4.3实训中所测的负载最大功率与理论值是否一致？

特别提示

当负载获得最大功率时，电源内阻也消耗了同样多的功率，这种情况在供电系统中是

不允许的。也就是说，发电机、电池等本身的内阻不能在与负载电阻相近的情况下工作，负载电阻应远远大于电源内阻。

阻抗匹配的概念在实际应用中比较常见。如在有线电视接收系统中，由于同轴电缆的阻抗为 75Ω，为了保证能获得最大功率传输，就要求电视机的输入阻抗也为 75Ω。有时很难保证负载电阻与电源内阻相等，所以为实现阻抗匹配就必须进行阻抗变换，常用的阻抗变换设备有变压器、射极输出器等。

【例 1.5】　一电源的开路电压为 15V，内阻为 2Ω，求负载分别为 1Ω、2Ω、3Ω、4Ω 时，负载所获得的功率。

解： 负载功率的计算公式如下

$$P=I^2R=\frac{U_S^2R}{(R+R_s)^2}$$

当负载 $R=1\Omega$ 时

$$P=25(\mathrm{W})$$

当负载 $R=2\Omega$ 时

$$P=28.125(\mathrm{W})$$

当负载 $R=3\Omega$ 时

$$P=27(\mathrm{W})$$

当负载 $R=4\Omega$ 时

$$P=25(\mathrm{W})$$

可见，当电阻等于 2Ω 时负载上消耗的功率最大，小于或大于 2Ω 时负载上消耗的功率都会变小。

 **拓展阅读 5**

受 控 源

受控源是非独立电源，其输出电压或电流受电路中其他部分的电压或电流控制，是电路的一部分。比如放大器的输出电压受输入电压控制，变压器的次级电压受初级电压控制，它们被看做是受控电压源；三极管的集电极电流受基极电流控制，集电极的输出就可以被看做是受控电流源。

1. 受控源的分类

描述受控源需要两对端钮：一对用于输入（即输入端），一对用于输出（即输出端）。输入端是用来控制输出电压或输出电流的大小的，其输入量可以是电压或电流；输出端与一般的电压源或电流源的输出端相同。可见，输入端与输出端都可用电压或电流两种物理量来描述。根据输入与输出的控制量的不同，受控源被分为 4 种类型，即电压控制电压源（Voltage Controlled Voltage Source，VCVS）、电流控制电压源（Current Controlled Voltage Source，CCVS）、电压控制电流源（Voltage Controlled Current Source，VCCS）、电流控制电流源（Current Controlled Current Source，CCCS），它们的模型如图 1.39 所示。

在图 1.39(a)所示的 VCVS 模型中，μ 是电压放大系数，是一个无量纲的控制系数。当输入控制电压为 U 时，输出电压为 μU，即输入电压控制输出电压，对输出端的电压源

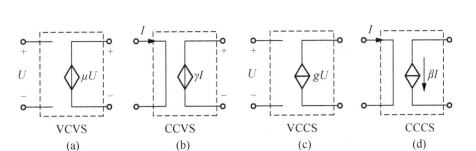

图 1.39　理想受控源模型

μU 来说，这是一个非独立的电源。为了标记这种受控制的特点，模型用外带＋、一号的菱形来表示，实际上所有的受控源都是这样标记的，但受控电流源与受控电压源菱形中的短直线方向不同。图(b)中的 γ 是控制系数，单位是 Ω，输出电压 U 受输入电流 I 的控制，即 $U = \gamma I$。图(c)中的 g 是控制系数，单位是 S(西门子)，输出电流受输入的电压控制，即 $I = gU$。图(d)中的 β 是电流放大系数，也是一个无量纲的系数，当输入电流是 I 时，其输出电流是 βI。

2. 受控源与独立源的区别

受控源与独立源均可作为一个器件在电路中存在，但两者在电路中的作用是完全不同的。独立源用于为电路提供输入量，代表的是外界对电路的激励作用，是电路的"源泉"。受控源是电路中部分电子元件物理现象发生变化的一个模型，它反映了电路中一个地方的电压或电流控制另一个地方的电压或电流的关系。在电路中，受控源不是激励。

在分析电路时，一般认为受控源中的控制关系是线性的，即 4 个控制系数 μ、γ、g、β 均为常量，在稳定的电路中是不变的。这样的受控源也被称为线性受控源。

下面就用例题来分析包含受控源的线性电路。

3. 受控源应用

【例 1.6】　图 1.40 是一个放大电路的等效电路，求输出电压 U_2 及电压放大倍数 A_U。

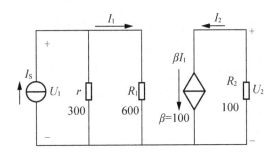

图 1.40　例 1.6 图

解：由电路图可知

$$I_S \frac{rR_1}{r+R_1} = I_1 R_1$$

由

$$I_1 = \frac{I_S r}{r+R_1} = \frac{0.6 \times 300}{0.6+300} = 0.2(\text{mA})$$

得

$$I_2 = \beta I_1 = 100 \times 0.2 = 20(\text{mA})$$

则由欧姆定律可得

$$U_2 = -I_2 R_2 = -20 \times 100 = -2000(\text{mV}) = -2(\text{V})$$

电路的电压放大倍数 A_U 是输出电压与输入电压的比值，即

$$A_U = \frac{U_2}{U_1} = -\frac{I_2 R_2}{I_1 R_1} = -\frac{\beta I_1 R_2}{I_1 R_1} = -\frac{\beta R_2}{R_1} = -\frac{100 \times 100}{600} = -16.7$$

本例中的电路是分析晶体三极管电路特性的等效电路，其中的 β 是三极管共发射极电流放大倍数。

1.5　基尔霍夫定律

支路：一般来讲，电路中流过同一电流的通路称为支路。接有电源的支路称为含源支路；没有电源的支路称为无源支路。

节点：3 条或 3 条以上支路的连接点称为节点。

回路：电路中的任何闭合路径都称为回路。只有一个回路的电路称为单回路电路。

网孔：内部不含支路的回路称为网孔回路，简称网孔。

网络：原指支路较多的电路，现与电路互称，涵义相同。

1.5.1　实训：认识基尔霍夫定律

$E_1 = 12\text{V}$，$E_2 = 6\text{V}$，$R_1 = 510\Omega$，$R_2 = 510\Omega$，$R_3 = 1\text{k}\Omega$，按图 1.41 所示电路接线或焊接电路板，测量元件两端电压和各支路电流，记入表 1-6 和表 1-7 中。

观察回路元件电压之间的关系，总结基尔霍夫电压定律。

观察节点处电流的关系，总结基尔霍夫电流定律。

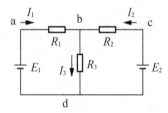

图 1.41　验证基尔霍夫定律电路

1. 训练目的

通过实验数据总结基尔霍夫定律。

熟练掌握基尔霍夫定律。

2. 任务分析

通过实验得出回路电压与节点电流的关系，总结基尔霍夫定律时，注意电压、电流方向。

小问答

指出图 1.41 所示电路中的支路、节点、回路、网孔。

3. 任务实施

电路中的电流方向如图 1.41 所示，测量 3 条支路电流填入表 1-6 中，总结基尔霍夫电流定律。

表1-6 图1.41各支路电流值

各支路电流/mA			节点电流$\sum I$
实验数据	$I_1=$	流入节点还是流出节点	流入节点电流之和与流出节点电流之和是否相等
	$I_2=$	流入节点还是流出节点	
	$I_3=$	流入节点还是流出节电?	

基尔霍夫电流定律(Kirchhoff's Current Law,KCL)又称为基尔霍夫第一定律,其定义如下:在电路中,对任何节点或闭合面来说,流入节点或闭合面的电流之和恒等于流出节点或闭合面的电流之和。

根据表1-7所示的要求,参照图1.41标注点,测量各元件的电压并填入表1-7中,总结基尔霍夫电压定律。

表1-7 图1.41各元件两端电压值

	U_{ab}	U_{bc}	U_{bd}	$E_1(U_{ad})$	$E_2(U_{cd})$
各元件电压					
实验数据$\sum U$	回路Ⅰ abda	$U_{ab}+U_{bd}+U_{ad}=$			
	回路Ⅱ bcdb	$U_{bc}+U_{cd}+U_{db}=$			

注意

U_{da}与U_{ad}的关系。

基尔霍夫电压定律(Kirchhoff's Voltage Law,KVL)又称为基尔霍夫第二定律,其定义如下:在任意时刻,在任意闭合回路中,沿任意环形方向,回路中电压的代数和恒等于零。

1.5.2 基尔霍夫电流定律

在电路中,如果将流入节点的电流取正,流出节点的电流取负,则基尔霍夫电流定律的数学表达式为

$$\sum I=0 \quad 或 \quad \sum I_{in}=\sum I_{out}$$

上式称为节点电流方程或KCL方程。在如图1.42所示的电路中,节点a、c的KCL方程如下。

对于节点a有

$$I_1+I_3-I_2=0 \quad 或 \quad I_1+I_3=I_2$$

对于节点c有

$$I_2-I_1-I_3=0 \quad 或 \quad I_2=I_1+I_3$$

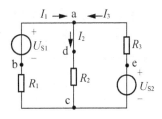
图1.42 电路网络

特别提示

基尔霍夫电流定律是针对任一瞬间电流而言的,瞬间电流就是电流的瞬时值。

显然，无论对于直流还是交流，甚至对于动态电路的瞬时值，基尔霍夫电流定律都是成立的。但是 KCL 对于非瞬时值就不一定成立了，例如对交流电流的有效值就不成立。

电流是由于电荷的移动而产生的，对于电路中的任何一个节点或一个闭合面，电荷在任何情况下都不会堆积，因此有多少电荷(电流)流入一个节点(或一个闭合面)就会有多少电荷(电流)流出。这实际上体现了电流的连续性。

KCL 推广：对任意闭合面而言，流入该闭合面的电流之和恒等于流出该闭合面的电流之和。

在如图 1.43 所示的电路中，对于由 R_1、R_2、R_3 构成的闭合面，其 KCL 方程为

$$I_1 + I_3 - I_2 = 0$$

KCL 应用：在图 1.44 所示的电路闭合面中，与此闭合面相交的支路只有一条，若该支路的电流不为零，则意味着电路中出现了电荷的堆积，这与电路的特性是相违背的，因此该支路电流一定为零。

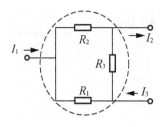

图 1.43　KCL 推广

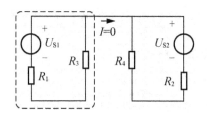

图 1.44　KCL 应用

1.5.3　基尔霍夫电压定律

基尔霍夫电压定律数学表达式为

$$\sum u = 0$$

上式称为回路电压方程或 KVL 方程。要建立 KVL 方程，可参照如下步骤。

(1) 确定回路的绕行方向(顺时针或逆时针)。

(2) 确定每条支路电流的参考方向。

(3) 沿绕行方向确定回路上元件(除电源外)的两端电压的参考方向，一般可取电压参考方向与电流参考方向相关联。

(4) 确定电源电压的方向。如果电源电压的方向与回路绕行方向一致，则取正号，相反则取负号。也可以沿绕行方向，如果先碰到电源的正极就取正，先碰到负极就取负。

将图 1.45 所示电路中各电阻上电压的参考方向与电流参考方向取得一致，电压源的电压方向直接与实际方向相同，各回路的绕行方向为顺时针方向，则电路图如图 1.45 所示。

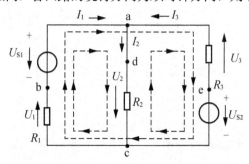

图 1.45　KVL 电路网络

其中的 U_{S1}、U_{S2} 是电压源，可以列出 KVL 方程如下。

对回路 adcba 有

$$U_2 + U_1 - U_{S1} = 0$$

或

$$I_2 R_2 + I_1 R_1 - U_{S1} = 0$$

对回路 aecda 有

$$-U_3 + U_{S2} - U_2 = 0$$

或

$$-I_3 R_3 + U_{S2} - I_2 R_2 = 0$$

对回路 aecba 有

$$-U_3 + U_{S2} + U_1 - U_{S1} = 0$$

或　　　　　　　　　$$-I_3 R_3 + U_{S2} + I_1 R_1 - U_{S1} = 0$$

KVL 推广：对任意假想的闭合回路或部分电路均成立。

例如在图 1.46 所示的电路中，U_S 为电源电压，r 为电源内阻，a、b 为与电源相连的外部电路的两点。不管外电路是怎样连接的，都能列出 KVL 方程。

设 U_S、r 支路与 a、b 两点右边电路构成如虚线所示的假想回路，a、b 两点间的电压为 U_{ab}，取回路绕行方向为顺时针方向，则 KVL 方程为

$$U_{ab} + Ir - U_S = 0$$

或　　　　　　　　　$$U_{ab} = U_S - Ir$$

KVL 定律是电路能量守恒的一种体现，正电荷从电路中的某一点开始，经过电路又回到同一位置时其能量不会发生变化。

基尔霍夫两个定律在电路分析中有着很重要的意义。与欧姆定律一样，基尔霍夫定律也具有普遍意义，适合任何元件组成的电路，适合任何变化的电流与电压。

【例 1.7】　在图 1.47 所示电路中，试求电流 I_1 和 I_2。

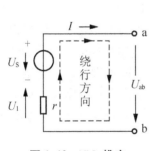

图 1.46　KVL 推广

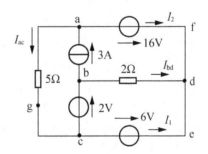

图 1.47　例 1.7 图

解： 对 agcedfa 回路（逆时针方向）列 KVL 方程，有

$$U_{ac} + 6 - 16 = 0$$

得

$$U_{ac} = 10V$$

则

$$I_{ac} = \frac{U_{ac}}{5} = \frac{10}{5} = 2A$$

对点 a 列 KCL 方程，有

$$3 = I_{ac} + I_2$$

得电流 I_2 为

$$I_2 = 3 - I_{ac} = 3 - 2 = 1A$$

对 bdecb(顺时针方向)回路列 KVL 方程有

$$U_{bd} - 6 + 2 = 0$$

得 U_{bd} 为

$$U_{bd} = 6 - 2 = 4V$$

得电流 I_{bd}

$$I_{bd} = \frac{U_{bd}}{2} = \frac{4}{2} = 2A$$

对点 d 列 KCL 方程,有

$$I_2 + I_{bd} + I_1 = 0$$

得电流 I_1 为

$$I_1 = -I_2 - I_{bd} = -1 - 2 = -3A$$

项 目 小 结

电路由电源、负载、中间环节构成,根据实际电路中电气元件表现出的特性,抽象出理想元件,构成电路模型完成电路分析。本项目中涵盖的知识点如下。

1. 电流与电压是电路中的基本变量,与参考点无关,a、b 两点之间的电压等于这两点间的电位差。

2. 对于实际方向未知的电流或电压,可以用参考方向来假定,如果由此计算出来的值大于零,表示电流或电压的实际方向与参考方向一致;如果小于零,则表示实际方向与参考方向相反。一般会选择电流和电压的参考方向一致,并称它们为关联参考方向。

3. 电阻上的电压与电流的关系遵循欧姆定律。几乎所有的电气元件在电路中都呈现出一定的电阻性。当电阻 R 上的电压 U、电流 I 的参考方向一致时,欧姆定律的数学表示式为 $U = IR$;当电压、电流参考方向不一致时,欧姆定律的数学表示式为 $U = -IR$。

4. 电功率是一个表示元件消耗或提供电能变化快慢的物理量。在电压与电流参考方向相关联的情况下,若 $p = iu > 0$ 表示元件在消耗功率;若 $p = iu < 0$ 则表示元件在提供电能。

5. 实际电压源的输出电压与输出电流之间关系为 $U = U_S - Ir$,实际电压源内阻等于零(即 $r = 0$)时称为理想电压源。

6. 电流源的输出电流与输出电压之间关系为 $I = I_S - \dfrac{U}{r}$,实际电流源内阻开路(即 $r = \infty$)时称为理想电流源。

7. 当负载电阻等于电源内阻时,负载将获得最大功率。

8. 基尔霍夫电流定律(KCL)反映了电流的连续性,表明连接在同一节点上各支路电流之间的关系,即流入节点的电流恒等于流出节点的电流。其数学表达式为

$$\sum I = 0$$

该定理适用于节点和封闭的电路网络。

9. 基尔霍夫电压定律(KVL)体现了能量守恒定律,表明回路中各元件的电压关系,即任一

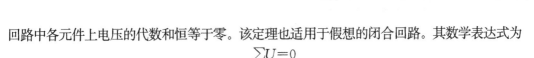

回路中各元件上电压的代数和恒等于零。该定理也适用于假想的闭合回路。其数学表达式为

$$\sum U = 0$$

该定理适用于任何元件组成的电路，适合任何变化的电流与电压。

思考题与习题

1.1 在图 1.48 所示电路中，以"o"点作为参考点时，$U_a = 21V$，$U_b = 15V$，$U_c = 5V$，若以 c 点作为参考点，求 U_a，U_b，U_c，并计算两种情况下的 U_{ab} 和 U_{bo}。

1.2 求图 1.49 中的 u 或 i。

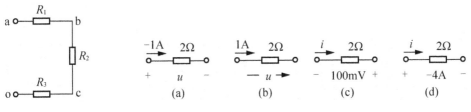

图 1.48 题 1.1 图　　　　　　　　　图 1.49 题 1.2 图

1.3 在如图 1.50 所示的 3 个电路中，图(a)中的元件 a 处于耗能状态，且功率为 10W，电流 $I_a = 1A$，求 U_a；图(b)中元件 b 处于供能状态，且功率为 10W，电压为 $U_b = 100V$，求 I_b 并标出实际方向；图(c)中的元件 c 上的 $U_c = 10mV$，$I_c = 2mA$，且处于耗能状态，试标出 I_c 的实际方向并求 c 所消耗的功率 P_c。

1.4 在图 1.51 所示电路中，各柜形框图泛指二端元件或二端电路，已知 $I_1 = 3A$，$I_2 = -2A$，$I_3 = 1A$，电位 $V_a = 8V$，$V_b = 6V$，$V_c = -3V$，$V_d = -9V$，试求元件 1、3、5 上所吸收的功率。

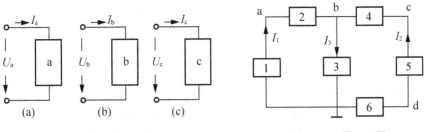

图 1.50 题 1.3 图　　　　　　　　　图 1.51 题 1.4 图

1.5 将标称值为 220V、100W 和 220V、40W 的两只灯泡串联起来接入 220V 的电源中，哪只灯泡更亮一点(先判断，再计算每只灯泡的实际消耗功率)？

1.6 有一直流电源，其额定功率 $P_c = 100W$，以额定功率工作时的电压为 $U_N = 25V$，内阻 $r = 0.25\Omega$。求：(1)额定工作时的电流及负载电阻；(2)开路时电源的端电压；(3)短路时的电流。

1.7 内阻不计，灵敏度为 $50\mu A$ 的表头与 1.5V 的电池及阻值为 $30k\Omega$ 的电阻串联组成测量电阻的欧姆表。测量时，当表头读数分别为 5、10、15、25、30、40、$50\mu A$ 时，被测电阻的阻值是多少？

1.8 在图 1.52 所示的电路中，一个理想电压源与不同的外电路相连接，求 6V 电压源在这 3 种情况下分别提供的功率 P_s。

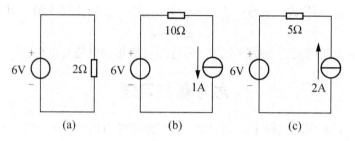

图 1.52　题 1.8 图

1.9　在图 1.53 所示的电路中，已知 $I_1 = 0.01$A，$I_2 = 0.3$A，$I_3 = 9.61$A，求电路中的未知电流。

1.10　图 1.54 所示的电路为完整电路的一部分，已知电压 $U_1 = U_2 = U_4 = 5$V，求 U_3。

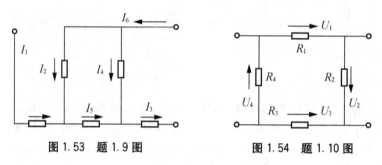

图 1.53　题 1.9 图　　　　　图 1.54　题 1.10 图

1.11　图 1.55 所示的电路中，试求 a 点电位。

1.12　在图 1.56 所示的电路中，$U_{S1} = 20$V，$R_1 = 3\Omega$，$U_{S2} = 10$V，$R_2 = 10\Omega$，$R_3 = 15\Omega$，试用基尔霍夫定律求各支路电流。

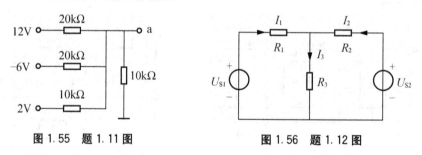

图 1.55　题 1.11 图　　　　　图 1.56　题 1.12 图

1.13　试求图 1.57 所示电路各支路电流，并用功率平衡法检验结果是否正确。

1.14　利用 KVL 和 KCL 求解节点电位(只列公式)。选择节点 a 作为参考点，如图 1.58所示。

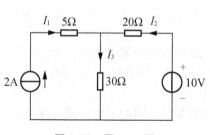

图 1.57　题 1.13 图

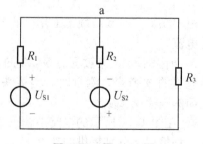

图 1.58　题 1.14 图

项目2

模拟万用表的分析与制作

知识目标	理解电路和电阻的联结方式及特点 掌握电阻电路的分析方法 理解电源的等效变换，并能够利用电源等效变换求解直流稳态电路 掌握电容、电感对直流稳态电路的影响 理解并掌握叠加定理和戴维南定理
能力目标	能利用电阻串、并联原理解决实际问题 能正确使用指针式万用表测量电压、电流 能正确使用直流单臂电桥 能够正确求解直流稳态电路各处电压、电流及元件功率 能正确识别和使用电容、电感元件

引例

模拟万用表常用的型号是 MF47，实物如图 2.1 所示。它可供测量直流电流、交直流电压、直流电阻等，具有 26 个基本量程和电平、电容、电感、晶体管直流参数等 7 个附加参考量程，适合于电子仪器、无线电通信、电工、工厂、实验室等广泛使用。

图 2.1   MF47 型万用表及其内部电路图

MF47 型万用表测量原理可等效为图 2.2。图中"+"为红表笔插孔，"-"为黑表笔插孔，根据并联电阻分流，串联电阻分压原理，可以改变电流、电压测流范围，测量直流电流和电压。那么，电阻并联和串联是什么样，分流和分压的原理是什么，能否自己制作一个简易电流表或电压表？

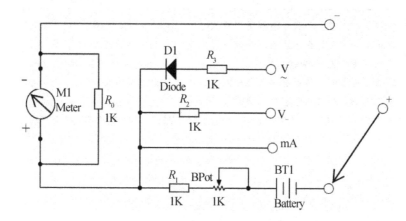

图 2.2   万用表测量原理等效电路

2.1   电阻的串联、并联及混联

2.1.1   电阻的串联

几个电阻首尾相连，各电阻流过同一电流的联结方式，称为电阻的串联，电阻串联电路如图 2.3(a)所示，R_1、R_2、R_3 构成串联电阻。

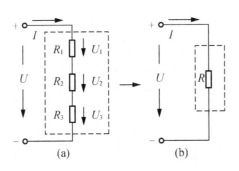

图2.3 电阻的串联及等效

电阻串联电路的特点如下。

(1) 串联电路中，流过支路的电流处处相等，即

$$I_1 = I_2 = \cdots = I_n$$

(2) 串联电路两端的等效电阻，等于各电阻之和，即

$$R = R_1 + R_2 + \cdots$$

 特别提示

等效是对外电路的等效，即等效前后的电路的外部特性不发生任何变化。

(3) 串联电路的端口电压，等于各电阻上电压之和，即

$$U = U_1 + U_2 + \cdots$$

(4) 串联电路中各电阻上电压与其阻值成正比，即

$$U_1 = \frac{R_1}{R}U, \ U_2 = \frac{R_2}{R}U, \ \cdots$$

(5) 串联电路中电阻吸收的总功率等于各电阻吸收功率之和，即

$$P = P_1 + P_2 + \cdots = R_1 I^2 + R_2 I^2 + \cdots = R I^2$$

【例2.1】 电路如图2.4所示，欲将量程为5V，内阻为10kΩ 的电压表改装成5V、25V、100V的多量程电压表，求所需串联电阻的阻值。

解：由原量程为5V、内阻为10kΩ，可知表头中允许通过的电流为

$$I = \frac{U_V}{R_V} = \frac{5}{10 \times 10^3} = 0.5 \text{(mA)}$$

设25V量程需串联电阻 R_1，100V量程需再串联电阻 R_2。那么，对25V量程来说分压电阻 R_1 有

$$R_1 = \frac{U_{R1}}{I} = \frac{25-5}{0.5 \times 10^{-3}} = 40 \text{(k}\Omega\text{)}$$

同理，对100V量程的分压电阻 R_2 有

$$R_2 = \frac{U_{R2}}{I} = \frac{100-25}{0.5 \times 10^{-3}} = 150 \text{(k}\Omega\text{)}$$

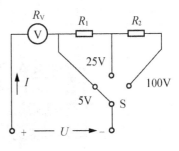

图2.4 例2.1图

思考

图2.5是一个电热毯示意电路图，R_0是电热毯中的电阻丝，R是电热毯中与电阻丝串联的电阻，S是控制电热毯处于加热状态或保温状态的开关。当开关S断开时，电热毯是处于加热状态还是保温状态？

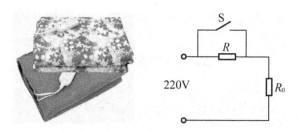

图2.5　电热毯示意图

2.1.2　实训：制作简易电压表

1. 训练目的

理解电阻串联电路特点，并能利用串联分压原理解决实际问题。

学习指针式万用表读数。

2. 任务分析

MF-47型指针式万用表的表头如图2.6所示，它实际是一块高灵敏度磁电式直流微安表，它的满刻度偏转电流一般只有几个微安至几百个微安，满刻度偏转电流越小，表头灵敏度也就越高。MF-47型万用表表盘上有6条刻度线，从上往下依次是：电阻刻度线、电压电流刻度线、三极管β值刻度线、电容刻度线、电感刻度线和电平刻度线。在表盘反光镜上方的3排数据是电压挡和电流挡刻度线，它们都是比率挡，即指针偏转的格数占全部格数的比率，电压电流数值由此比率乘以挡位确定。

图2.6　指针式万用表的表盘刻度线

特别提示

确定比率时选择一行刻度为基准计算，选择刻度要根据转换开关挡位，以读数方便为原则。

用图 2.6 所示的指针式万用表测量直流电压、直流电流时，红表笔接高电位，黑表笔接低电位点。

小问答

指出图 2.6 中指针所示位置的电压值是多少？（挡位处于直流电压 50V 挡）

3. 任务实施

给定 MF-47 万用表表头，确定表头内阻 R_g，量程 U。

特别提示

（1）操作表头时，不能大幅度振动表头或大电流冲击表头，以防造成表头机械损坏。

（2）不能用万用表测量表头内阻，否则会烧毁表头线圈。

按图 2.7 所示测量电路接线，R_1、R_2 可选 100kΩ 可调电阻。将 S_2 断开，S_1 闭合，接通电路，调节 R_1 使表头满偏，记下此时标准表的读数 I_g，I_g 称为表头的满偏电流。然后接通 S_2，在保持标准表的读数仍为 I_g 的情况下，调节 R_2 的值，使表头恰好为满刻度值的一半(这时若标准表的读数不为 I_g，则应调节 R_1 使标准表恢复到原读数 I_g，并再调节电阻箱 R_2 使表头恰好为满刻度值的 1/2 处)，则 $R_v = R_2$。

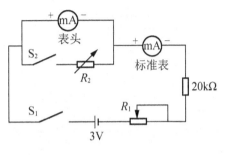

图 2.7　测量电路

（1）测得表头满偏电流 $I_g =$ _____

（2）表头内阻 $R_v =$ _____

（3）表头量程 $U =$ _____

（4）欲将表头改装成 10V 电压表，需串联电阻 $R =$ _____

找到合适电阻，自己动手制作 10V 简易电压表。

2.1.3　电阻并联

几个电阻首尾分别相连，而且各电阻处于同一电压下的联接方式，称为电阻的并联，电阻并联电路如图 2.8(a)所示，R_1、R_2、R_3 构成并联电阻 R。

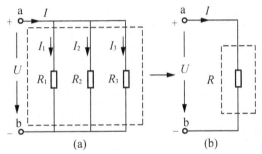

图 2.8　电阻的并联及等效

电阻并联电路的特点如下。

（1）并联电路中，各支路的端电压相等，即

$$U_1 = U_2 = \cdots$$

（2）并联电路的等效电导等于各支路电导之和，即

$$G = G_1 + G_2 + \cdots$$

或

$$\frac{1}{R} = \frac{1}{R_1} + \frac{1}{R_2} + \cdots$$

（3）并联电路的总电流等于各支路电流之和，即

$$I = I_1 + I_2 + \cdots$$

（4）并联电路各电阻流过的电流与其电导值成正比，而与电阻成反比，即

$$I_1 = \frac{G_1}{G}I, \quad I_2 = \frac{G_2}{G}I \cdots$$

$$\frac{I_1}{I_2} = \frac{R_2}{R_1}$$

（5）并联电路中电导吸收的总功率等于各电导吸收功率之和，即

$$P = P_1 + P_2 + \cdots = G_1U^2 + G_2U^2 + \cdots = GU^2$$

或

$$P = P_1 + P_2 + \cdots = \frac{U^2}{R_1} + \frac{U^2}{R_2} + \cdots = \frac{U^2}{R}$$

【例2.2】 电路如图2.9所示，将电阻为1800Ω、满偏电流为100μA 的表头，改装成量程为 1mA 的电流表，求并联的分流电阻值应当是多少？

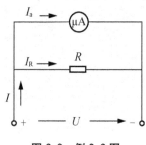

图2.9 例2.2图

解： 因为表头满偏电流为 $I_a = 100\mu A$，内阻为 $R_a = 1800\Omega$，要求改装后量程为 1mA，则流过分流电阻 R 的电流为

$$I_R = I - I_a = 1 - 0.1 = 0.9(\text{mA}) = 900(\mu A)$$

由于并联电阻两端电压相同，因此有

$$I_a \times R_a = I_R \times R$$

因此，并联分流电阻为

$$R = \frac{I_a}{I_R} \times R_a = \frac{100}{900} \times 1800 = 200(\Omega)$$

此题说明一个原来量程只有 0.1mA 的表头，在并联一个 200Ω 的电阻后就可以用来测量最大不超过 1mA 的电流，即表头量程扩大了 10 倍。

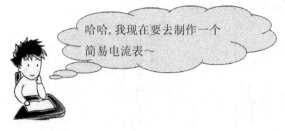

哈哈，我现在要去制作一个简易电流表～

2.1.4 电阻混联

当一个电路中的电阻既有串联又有并联时，这个电路应该如何简化？

电阻既有串联又有并联的电路称为混联电路。对此类电路简化的方法是将串联部分、并联部分分别求其等效电阻，直到将原电路简化为一个电阻元件。在熟悉了串联、并联电路的特点的基础上，就能比较方便分析这类复杂的混联电路。

【例2.3】 求图2.10(a)电路中的总电流I。

解： 在图2.10(a)中，电阻之间的联接关系不能一目了然，因此，可以根据各电阻联接的特点将其改画为如图2.10(b)所示电路。图2.10(b)比较明显地反映了各电阻之间的联接关系。

回路总电阻计算如下

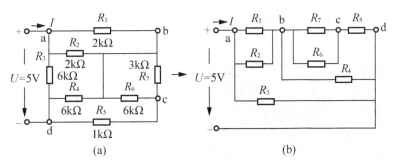

(a)   (b)

图2.10 例2.3图

$$R=[R_1//R_2+(R_7//R_6+R_5)//R_4]//R_3$$

其中

$$R_1//R_2=\frac{R_1R_2}{R_1+R_2}=\frac{2\times2}{2+2}=1(\text{k}\Omega)$$

$$R_7//R_6=\frac{R_7R_6}{R_7+R_6}=\frac{3\times6}{3+6}=2(\text{k}\Omega)$$

$$(R_7//R_6+R_5)//R_4=\frac{(2+1)\times6}{(2+1)+6}=2(\text{k}\Omega)$$

因此有

$$R=[R_1//R_2+(R_7//R_6+R_5)//R_4]//R_3=\frac{(2+1)\times6}{(2+1)+6}=2(\text{k}\Omega)$$

总电流I为

$$I=\frac{U}{R}=\frac{5}{2}=2.5(\text{mA})$$

结论

在分析电阻混联电路时，如果电阻之间的联接关系不是很清楚，可以先标出电路中各个节点，弄清各电阻与节点之间的关系，再将电路改画成串并联关系相对比较清楚的电路，这样，分析时就不容易出错。

2.1.5 实训：直流单臂电桥的使用与分析

直流单臂电桥又称惠斯登电桥，用于精确测量$1\sim10\text{M}\Omega$的中阻值电阻，具有内附指零仪和电池盒，其外形如图2.11所示。

1. 训练目的

熟悉直流单臂电桥测量电阻的操作步骤。

掌握电阻混联电路分析和计算过程。

2. 任务分析

直流单臂电桥简易原理图如图 2.12 所示,由电阻 R_1、R_2、R_3 和待测电阻 R 构成 4 个桥臂,对角线 a、c 两端接电源,b、d 两端接检流计。当电桥检流计指示值为零时,即意味着 b、d 两点同电位,R_1 与 R 串联,R_2 与 R_3 串联,然后两者再并联,此时根据其中 3 个臂的电阻,就可以计算出另一个桥臂的未知电阻 R。

图 2.11 直流单臂电桥实物图

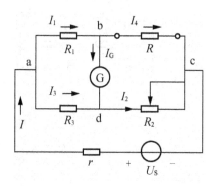

图 2.12 直流单臂电桥简易原理图

3. 任务实施

1)用直流单臂电桥 QJ23 测量未知电阻值

测量步骤如下。

(1) 在电桥背面电池盒中装入电池。

(2) 将指零仪连接片接到"外接"两接线柱上。

(3) 调节指零仪上方旋钮对指零仪进行调零。

(4) 将被测电阻接入 R_x 接线柱。

(5) 适当选择倍率,按下"B"、"G"两按钮并调节测量盘使指零仪重新指零,电桥平衡。

被测电阻值为:$R_x =$ 倍率×测量盘示值

按照上述步骤测量给定电阻值纪录如下。

色环纪录_____,电桥测量阻值_____

色环纪录_____,电桥测量阻值_____

色环纪录_____,电桥测量阻值_____

2)分析图 2.12 直流单臂电桥简易原理图

电桥可以用来测量未知电阻,将未知电阻 R 接入电路中,通过调节可变电阻器 R_2 直到检流计电流为零,计算未知电阻 R 与 R_1、R_2、R_3 之间的关系(提示:注意电流、电位特点)。

$R =$ _____

2.2　电阻的星形、三角形联接及其等效变换

请分析图示电路，如何求图中电流I？

电阻元件的联接形式常见的还有星形和三角形联接。这两种形式广泛应用于供电系统和电子技术中。如在电力系统中，三相交流电中的三相负载常采用星形或三角形联接，供给市民和工厂用电的低压供电系统中采用的是星形联接；在通信电路中用于滤掉干扰信号的 π 形滤波电路就采用三角形联接方式。

图 2.13(a)和(b)中，3 个电阻 R_a、R_b、R_c 的一端同连到点 O 上，另一端分别与外电路的 3 个端点 a、b、c(此 3 点电位可能不同)相连，这种联接方式称为星形联接。星形联接也可写成 Y 形联接或 T 形联接。

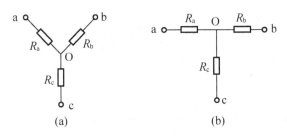

(a)　　　　　　　　　　(b)

图 2.13　电阻的星形联接

三角形联接则是把 3 个电阻 R_{ab}、R_{ca}、R_{bc} 依次连成一个闭合回路，然后 3 个联接点再分别与外电路联接于 3 个点 a、b、c(此 3 点电位不同)，如图 2.14(a)和(b)所示。三角形联接可写成△形联接或 π 形联接。

在电路分析时，有时为了方便分析和计算，需要将星形联接的电阻和三角形联接的电阻进行等效变换，如图 2.15 所示。这种电路的电阻之间既非串联又非并联，显然不能采用简单的串并联关系来进行等效变换。

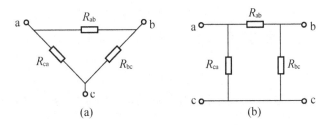

(a)　　　　　　　　　　(b)

图 2.14　电阻的三角形联接

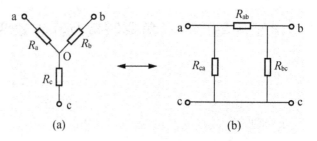

图 2.15　电阻星形和三角形联接的等效变换

等效的原则依然是等效前后对外部电路不发生任何影响。将这一原则用于 Y、△电路之间的等效变换时，具体的内容应当是：在两种不同的联结方式中对应一个端子悬空的情况下，若剩余两个端子间的电阻值相等，则它们就等效。根据以上原则，可以推导出等效变换的公式。

电阻的三角形联接等效变换为星形联接时，相应的公式为

$$R_a = \frac{R_{ab}R_{ca}}{R_{ab}+R_{bc}+R_{ca}}$$

$$R_b = \frac{R_{ab}R_{bc}}{R_{ab}+R_{bc}+R_{ca}}$$

$$R_c = \frac{R_{bc}R_{ca}}{R_{ab}+R_{bc}+R_{ca}}$$

　特别提示

1. 若三角形联接的 3 个电阻阻值相等，用 R 表示，则变换后的星形联接的 3 个电阻也相等，用 R_Y 表示，它们之间的关系为

$$R_Y = \frac{R_\triangle}{3}$$

反之，电阻的星形联接等效变换为三角形联接，其变换公式为

$$R_{ab} = R_a + R_b + \frac{R_aR_b}{R_c}$$

$$R_{bc} = R_b + R_c + \frac{R_bR_c}{R_a}$$

$$R_{ca} = R_c + R_a + \frac{R_cR_a}{R_b}$$

2. 若星形联接的 3 个电阻阻值相等，则变换后的三角形联接的 3 个电阻也相等，它们之间的关系为

$$R_\triangle = 3R_Y$$

3. 在进行 Y 形、△形等效变换时，与外部电路相连的 3 个端钮之间的对应位置绝对不能改变，否则变换是不等效的。

【例 2.4】　如图 2.16(a)所示桥式电路，试求电流 I。

解： 图 2.16(a)所示桥式电路中的电阻并非串联或并联，而是由两个三角形网络组成，可以将图 2.16(a)中的一个三角形网络(abc)变换为星形联接形式，这样电路就可以简化为

如图 2.16(b)所示的串并联形式。

将图 2.16(a)中的 6Ω、10Ω、4Ω 这 3 个电阻组成的三角形网络等效变换为星形网络，其等效电阻为

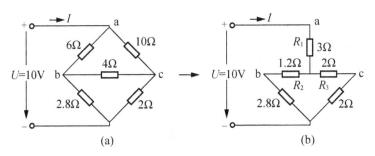

图 2.16　例 2.4 图

$$R_1 = \frac{6 \times 10}{6 + 4 + 10} = 3(\Omega)$$

$$R_2 = \frac{6 \times 4}{6 + 4 + 10} = 1.2(\Omega)$$

$$R_3 = \frac{4 \times 10}{6 + 4 + 10} = 2(\Omega)$$

利用电阻的串并联关系，可求得所有电阻构成的网络的等效电阻 R 为

$$R = 3 + \frac{(1.2 + 2.8) \times (2 + 2)}{(1.2 + 2.8) + (2 + 2)} = 5(\Omega)$$

可得电路电流为

$$I = \frac{U}{R} = \frac{10}{5} = 2(A)$$

电路的等效变换是很重要和很有意义的工作。例如，当分析某个工厂的总体负荷情况时，一般将其等效为电网中的一个负载，而不是去分析每个负载的情况。

2.3　独立电源的等效变换

2.3.1　实训：独立电源的等效变换

在项目 1 中已经讨论了电源的表示方法，即电源的电压源表示和电源的电流源表示。既然同一个电源可以有两种不同的表示，那么这两种表示对外电路而言应当是等效的，即无论采用哪种表示方法，都不会影响外电路的电流、电压和功率。

任务分析和实施

在 Multisim 中画出图 2.17 所示电路，测量负载 1kΩ 的电流、电压和功率，判断：对外电路而言，12V 电压源和 12mA 电流源是否等效？

事实上电源的两种不同的表示方法也正好说明了对外电路而言，不同的电压源与电流源之间必然存在等效变换的关系。这两种电源模型是如何进行等效变换的？

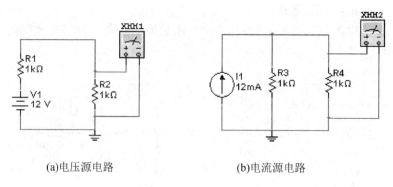

(a)电压源电路　　　　　　　　　(b)电流源电路

图 2.17　电压源与电流源电路

2.3.2　独立电压源与独立电流源的等效变换

同一负载电阻 R 接在两电源模型上，若电阻 R 上的所有效应(电流、电压等)都相同，那么对电阻而言，这两个电源模型是等效的，如图 2.18 所示。根据 $I_a = I_b$ 可得到实际电源的两种模型等效变换的条件

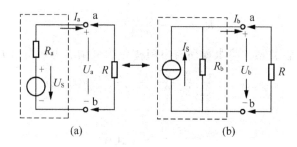

图 2.18　电压源与电流源等效变换

$$R_a = R_b = R_S, \quad I_S = \frac{U_S}{R_S}$$

或

$$R_a = R_b = R_S, \quad U_S = I_S R_S$$

等效变换关系为：将一个电动势为 U_S、内阻为 R_S 的实际电压源等效变换为一个实际电流源时，该实际电流源的内阻依然为 R_S，但其电流为 $I_S = U_S/R_S$。电流源方向与电压源的电动势方向一致。

将一个实际电流源等效为一个实际电压源时，该实际电压源的内阻依然为 R_S，但电动势为 $U_S = I_S R_S$。电压源电动势的方向与电流源电流方向一致。

　特别提示

电压源与电流源之间的等效，其前提条件就是电源的内阻 R_S 不为零。恒流源与恒压源不能互换，因为恒压源的内阻为零，而恒流源的内阻为无限大，两种电源的定义本身就是相互矛盾的。

【例 2.5】　试求图 2.19(a)所示电流源的等效电压源和图 2.19(c)所示电压源的等效电流源。

解： 图 2.19(a)所示为电流源变为电压源时的电路，根据等效变换的原则，电压源的电动势 U_S 和内阻 R_S 分别为

$$U_S = 5 \times 4 = 20(V)，R_S = 4(\Omega)$$

即可得其等效电压源如图 2.19(b)所示电路。

图 2.19(c)所示为电压源，将其等效为电流源，则电流源的电流 I_S 和内阻 R_S 分别为

$$I_S = \frac{6}{3} = 2(A)，R_S = 3(\Omega)$$

即可得其等效电流源如图 2.19(d)所示。

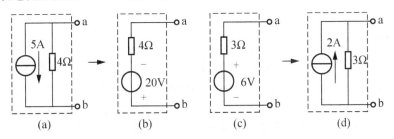

图 2.19 例 2.5 图

特别提示

电源的等效是对外电路而言的，并不是说这两个电源本身是相同的，即对内电路并不等效。

例如，当外电路开路时，电压源消耗的电能等于零，而与之等效的电流源内阻上消耗的电能则不等于零。

一般情况下，分析一个电路时并不关心电源的表达方式，而是关心如何使分析过程变得简单、高效。而选择一种合适的电源的表达方式通常可以简化电路的分析计算过程，从这个角度来说，掌握电源的等效变换是很有意义的。

电源的等效互换可推广应用到一般电路。例如，当电压源与其他电阻串联组合时，可以将其看成是一个电压源并进行电流源的等效。同样，当一个电流源与其他电阻并联组合时，可视其为一个电流源而进行电压源等效。

例如，在图 2.20(a)所示的电路中，虚线框内是一个实际电压源与电阻($R_1 // R_2$)的串联，当计算电阻 R 上电量时，那么图 2.20(a)虚线框内部分就可以看成是一个电压源，而将电阻($R_S + R_1 // R_2$)看成是该电压源内阻，如图 2.20(b)所示。若有需要还可以将其等效为电流源，如图 2.20(c)所示。

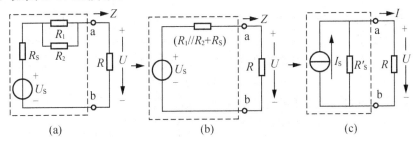

图 2.20 含源电路的等效变换

2.3.3 独立电源的联接组合

 问题

在电路分析时，经常会碰到几个电源的联接组合，就如同电路中电阻的串并联一样，这时电路该怎么分析？

若分析的是这些电源以外部分电路的情况，那么此时就可以将这些电源等效或简化为一个电源。

1. 电压源串联的等效

如图 2.21(a)所示为 3 个电压源串联的电路，图 2.21(b)是它们等效后的电压源。

根据等效的原则，即等效前后不影响外部特性，有

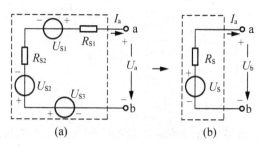

图 2.21 串联电压源的等效

$$U_a = U_b = U, \quad I_a = I_b = I$$

根据 KVL 定律，图 2.21(a)与图 2.21(b)的端电压应为

$$U_{S1} - U_{S2} + U_{S3} - I(R_{S1} + R_{S2}) = U_S - IR_S$$

得

$$U_S = U_{S1} - U_{S2} + U_{S3}, \quad R_S = R_{S1} + R_{S2}$$

可见，当多个电压源串联时，其等效电压源的电动势和内阻有以下关系。

(1) 等效电压源的电动势为各电压源电压的代数和，即

$$U_S = U_{S1} + U_{S2} + U_{S3} + \cdots$$

(2) 等效电压源的内阻等于各电压源的内阻相加，即

$$R_S = R_{S1} + R_{S2} + \cdots$$

2. 电流源串联的等效

如图 2.22(a)所示为 3 个电流源并联的电路，图 2.22(b)是它们等效后的电流源。

根据等效的原则和基尔霍夫定律，同样可以得到多个电流源并联时，等效电流源的电流与内阻之间的关系。

(1) 等效电流源的电流为各电流源电流的代数和，即

$$I_S = I_{S1} - I_{S2} + I_{S3} + \cdots$$

(2) 等效电流源的电导等于各电流源电导相加，即

$$\frac{1}{R_S} = \frac{1}{R_S} + \frac{1}{R_{S2}} + \frac{1}{R_{S3}} + \cdots$$

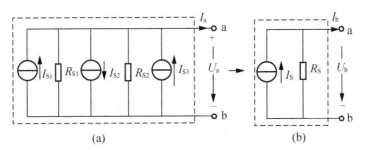

图 2.22　并联电流源的等效

3. 实际电压源并联的等效

当几个实际电压源并联时，可先将电压源等效为电流源，然后再进行电流源合并化简，若需要时再将电流源等效为电压源。

图 2.23 所示就反映了这种转化过程。图 2.23(a) 为 3 个实际电压源的并联，图 2.23(b) 是将实际电压源转化为电流源以后的电路，图 2.23(c) 则是将并联的电流源合并后的等效电源，而图 2.23(d) 则为相应的等效电压源。

图 2.23(c) 中电流源的电流与内阻分别如下

$$I'_S = I_{S1} + I_{S2} - I_{S3}$$
$$R'_S = R_{S1} // R_{S2} // R_{S3}$$

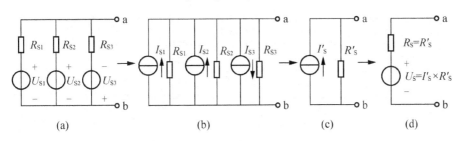

图 2.23　实际电压源并联的等效

必须指出的是，只有电压相等、极性相同的理想电压源才允许并联，并且这种并联对外电路不会产生影响。

4. 实际电流源串联的等效

当几个实际电流源串联时，可先将电流源等效为电压源，然后再进行电压源合并，化简为一个电压源，若需要时再将电压源等效为电流源。

图 2.24 是两个实际串联电流源转化为一个电压源或电流源的过程示意图。

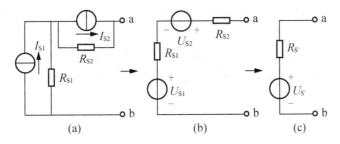

图 2.24　实际电流源串联的等效

同样需要指出的是，理想电流源只有电流相等、方向一致时才允许串联，并且这种串联对外电路不会产生影响。

5. 电源其他特殊联接的等效

(1) 理想电压源与任何二端网络(包括元件)并联，对外电路而言，这部分电路可以等效为相同的恒压源，如图 2.25 所示，虚线框内部分电路对外电路而言是等效的。

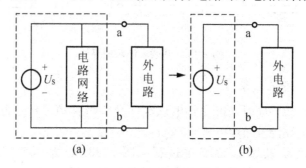

图 2.25　理想电压源与电路网络并联的等效

(2) 理想电流源与任何二端元件串联，对外电路而言，这部分电路可以等效为相同的理想电流源，在图 2.26 中，虚线框内部分电路对外电路而言是等效的。

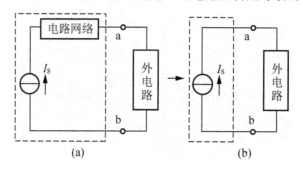

图 2.26　理想电流源与电路网络串联的等效

(3) 恒压源与恒流源串联，串联电路的电流等于恒流源的电流，端口电压由外电路决定。

(4) 恒压源与恒流源并联，并联电路的端口电压等于恒压源的电动势，输出电流由外电路决定。

利用电压源与电流源的等效变换，可以简化电路的结构，为分析和计算电路带来很大的方便。

【例 2.6】　图 2.27(a)是一个电压源与一个理想电流源并联的电路，试将该电路简化成一个电流源。

解：电路有两个电源构成，为了将这两个电源合并，需要实际电压源等效为电流源后再与原电流源合并。

简化过程如下。先将电压源等效变换为一个电流为 15V/5Ω＝3A、内阻为 5Ω 的电流源，如图 2.27(b)所示；再将两个理想电流源并联，就得到电流为 1A、内阻为 5Ω 的电流源，如图 2.27(c)所示。

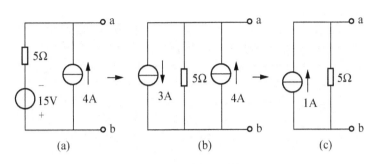

图 2.27 例 2.6 图

【例 2.7】 在图 2.28(a)所示电路中，试求电路中电阻 R 上的电流 I。

解：这个例题求的是电路中电阻 R 上的电流，因此可以将除 R 以外的其他电路通过电源的等效变换合并为一个电源，这样就可以大大简化电路的计算。

将电路两个电流源先等效变换为电压源，如图 2.28(b)所示；然后再将电压源等效为电流源，此时出现两个 4Ω 并联的电阻，合并这两个电阻后再将此电流源等效为电压源，则得到图 2.28(c)所示电路。

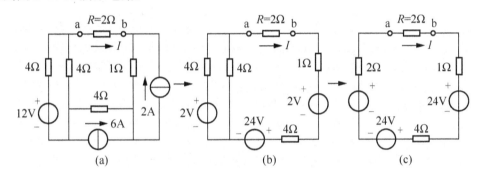

图 2.28 例 2.7 图

求解图 2.28(c)所示电路。根据 KVL 可得

$$2I+2I+1I+2+4I+24-6=0$$

得

$$I=-2.22(A)$$

2.4 电容、电感对直流稳态电路的影响

2.4.1 实训：直流稳态电路中的电容

电容使用的场合很多，比如整流电源被拔下插头后，上面的发光二极管还会继续亮一段时间，然后逐渐熄灭，就是因为里面的电容事先存储了电能，二极管保持发亮的过程就是电容器释放能量的过程。电容的储能现象可以通过图 2.29 所示的电路来说明。

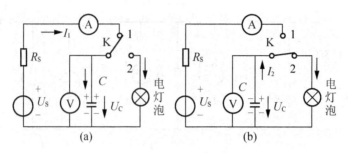

图 2.29　电容器充、放电电路

任务分析与实施

　　在 Multisim 软件中绘制电路,如图 2.30 所示。当开关 J1 在左侧时,电源对电容 C1 进行充电,电容器的两个金属板上逐渐聚集起等量的异性电荷,此时即便是将外电源撤去,两金属板上的电荷也将被长期保存下来(不考虑漏电)。电容的充电过程实际上就是电容将电能转变成电场能的过程,电容器储存能量是电场能,电路仿真波形如图 2.31(a)所示。

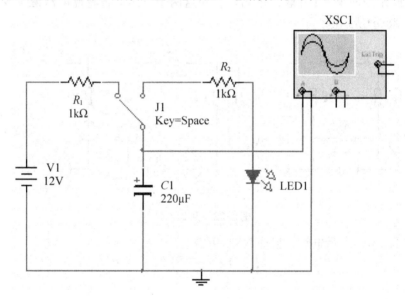

图 2.30　电容电路

　　当将开关 J1 拨到右侧时,电容 C1 通过电灯进行放电,发光二极管会点亮。电容器的放电过程实际上就是电容将原来存储的电场能通过放电转变为电能的过程,电路仿真波形如图 2.31(b)所示。

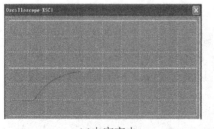

(a)电容充电

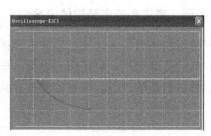

(b)电容放电

图 2.31　电容电压波形

电容充电完成，用万用表测量电容两端电压为_____V，此时电容相当于_____。

2.4.2 电容器

1. 定义

电容是电容器的简称，顾名思义，电容器就是"容纳电荷的容器"，它是一种储存能量的元件，简称为储能元件，电容符号如图2.32所示。电容器品种繁多，但它们的基本结构和原理是相同的。不同的电容器储存电荷的能力不相同，在电路中的作用也不相同。图2.33展示了两种实际电容的照片。

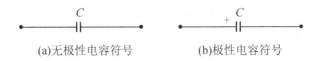

(a)无极性电容符号　　　　(b)极性电容符号

图2.32　电容符号

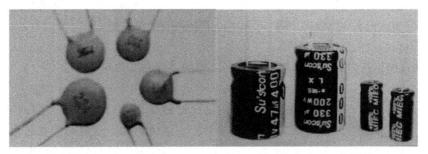

(a)瓷片电容（无极性）　　　　(b)电解电容（有极性）

图2.33　电容器实物照片

2. 电容量

电容的英文名为Capacitance，通常缩写为C。同电阻一样，电容器的电容量是可以量化的，电容量大小与电容器的结构与介电常数有关。两块平行放置的金属板中间填充绝缘介质就构成一个简单的平板电容器。对于平板电容器的电容量计算有以下数学公式

$$C = \frac{\varepsilon \times S}{d} \qquad\qquad (2-1)$$

在式(2-1)中，电容C与介电常数ε成正比，与其面积S成正比，与两金属板间的距离d成反比。若电容C的单位取F，面积S单位为m^2，距离d单位为m，那么介电常数ε单位为F/m。

C不但表示电容器，同时也表示电容器的电容量。

电容器容纳的电荷量q与极板间电压u之间的关系要受到电容量C的约束，它们之间存在以下关系

$$q = Cu$$

或

$$C = \frac{q}{u}$$

在国际单位制中，电容的单位为法［拉］，简称法（F）。在实际电路中通常用毫法（mF）、微法（μF）、纳法（nF）、皮法（pF）来描述电容量，换算关系为

$$1(F)=10^3(mF)=10^6(\mu F)=10^9 nF=10^{12}(pF)$$

当电容两极板间的电压发生变化时，根据电容器的特点可知，电容器上存储的电量也发生变化，而电量的变化必定伴随着电荷的定向移动，就形成了电流，即

$$i=\frac{dq}{dt}$$

在电容两端电压 u 与流过电流 i 为关联参考方向的前提下，上式可以写成

$$i=C\frac{du_C}{dt}$$

它表明，只有当电容元件两端电压发生变化时，电容元件中才有电流通过，因此，电容元件称为"动态元件"。当 $i>0$ 时，电容上的电量和电压都将增加，这就是电容充电的过程；当 $i<0$ 时，电容上的电量和电压都将减小，这是电容的放电过程。

在直流电路中，当电路达到稳定状态，即电路中电流与电压不再发生变化时，电容两端电压保持不变，因而通过电容的电流为零，相当于电容所在的支路断开，这种情况也叫"开路"。可见，电容在直流稳态电路中有"隔直"作用，即隔断直流的作用。

结论

电容在直流稳态电路中相当于开路，即电容的"隔直"作用。

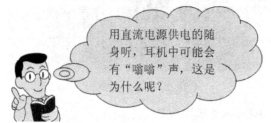

用直流电源供电的随身听，耳机中可能会有"嗡嗡"声，这是为什么呢？

这是因为随身听使用了较小容量的滤波电容，这时如果在电源两端并接上一个较大容量的电解电容，一般可以改善效果。

电容器在电力系统的功率因数补偿方面有很大作用。通常电网上大多数负载往往呈现出电感性质，导致电网功率因数下降，使电网得不到充分利用，此时一般采用并联电容的办法来提高电网的功率因数。

拓展阅读

电容的识别及主要参数

电容的识别方法与电阻的识别方法基本相同，分直标法、色标法和数标法3种。

直标法：容量大的电容其容量值在电容上直接标明，如 $10\ \mu F/16V$。

容量小的电容其容量值在电容上用字母表示或数字表示。

字母表示法：$1m=1\ 000\ \mu F$；$1P2=1.2pF$；$1n=1\ 000pF$。

数字表示法：3位数字的前两位数字为标称容量的有效数字，第3位数字表示有效数字后面零的个数，它们的单位都是pF。如：102表示标称容量为 $1\ 000pF$；221表示标称容量为220pF；224表示标称容量为 $22\times10^4 pF$。

在这种表示法中有一种特殊情况，就是当第3位数字用"9"表示时，是用有效数字乘以 10 的一1次方来表示容量大小。如：229表示标称容量为 $22\times10^{-1}pF=2.2pF$。

电容的允许误差为：±1%、±2%、±5%、±10%、±15%、±20%。如：一瓷片电容为104J，表示容量为 $0.1\ \mu F$、误差为±5%。

电容的主要特性参数如下。

1. 标称电容量和允许偏差

标称电容量是标志在电容器上的电容量。

电容器实际电容量与标称电容量的偏差称误差，在允许的偏差范围称精度。

精度等级与允许误差对应关系为：00(01)——±1%、0(02)——±2%、Ⅰ——±5%、Ⅱ——±10%、Ⅲ——±20%、Ⅳ——(+20%−10%)、Ⅴ——(+50%−20%)、Ⅵ——(+50%−30%)

一般电容器常用Ⅰ、Ⅱ、Ⅲ级，电解电容器用Ⅳ、Ⅴ、Ⅵ级，可根据用途选取不同等级的电容。

2. 额定电压

额定电压是在最低环境温度和额定环境温度下可连续加在电容器上的最高直流电压有效值，一般直接标注在电容器外壳上，如果工作电压超过电容器的耐压，电容器将被击穿，造成不可修复的永久损坏。

3. 绝缘电阻

直流电压加在电容上，并产生漏电流，两者之比称为绝缘电阻。

当电容较小时，主要取决于电容的表面状态，电容容量大于 $0.1\,\mu F$ 时，主要取决于介质的性能，绝缘电阻越大越好。

电容的时间常数是为了恰当地评价大容量电容的绝缘情况而引入的时间常数，它等于电容的绝缘电阻与容量的乘积。

4. 损耗

电容在电场作用下，在单位时间内因发热所消耗的能量叫做损耗。各类电容都规定了其在某频率范围内的损耗允许值，电容的损耗主要是由介质损耗、电导损耗和电容所有金属部分的电阻所引起的。

在直流电场的作用下，电容器的损耗以漏导损耗的形式存在，一般较小，在交变电场的作用下，电容的损耗不仅与漏导有关，而且与周期性的极化建立过程有关。

5. 频率特性

随着频率的上升，一般电容器的电容量呈现下降的规律。

大电容工作在低频电路中的阻抗较小，小电容则比较适合工作在高频环境下。

2.4.3　电感器

1. 定义

电感器简称电感，英文名是 Inductance，但通常缩写为 L，这是为了纪念俄国物理学家楞次(Lenz. Heinrich)。电感器和电容器一样，也是一种储能元件，它能把电能转变为磁场能，并在磁场中储存能量。

小小的收音机上就有不少电感线圈，如图 2.34 所示。电感线圈几乎是用漆包线绕成的空心线圈或在骨架磁心、铁心上绕制而成的。如天线线圈(它是用漆包线在磁棒上绕制而成的)、中频变压器(俗称中周)、输入输出变压器等。

图 2.34　收音机电感

工矿企业中大量使用的电动机、发电机等电机，它们的主要部件是用导线绕制而成，因此它们在电路中就表现出一种电感器的性质。

在电路模型中，电感的符号如图 2.35 所示。同电容相同，L 不但表示电感器，同时也表示电感器的电感量。图 2.36 是几种电感元件的实数照片。

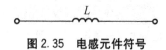

图 2.35　电感元件符号

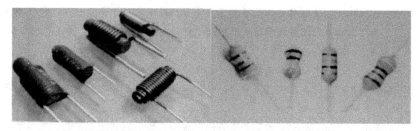

(a)磁棒绕线电感　　　　　　　　　　(b)色环电感

图 2.36　电感元件实物照片

2. 电感量

实验表明，当线圈的结构确定后，通过线圈的磁通链(Ψ)正比于通过线圈的电流(i)。将磁链(Ψ)与电流(i)的比值称为电感线圈的电感量(简称为电感)，并用符号 L 表示，即

$$L = \frac{\Psi}{i} = \frac{N\Phi}{i}$$

在国际单位制中，电感的单位是亨〔利〕(H)，此外还有毫亨(mH)和微亨(μH)。它们之间的换算关系如下

$$1(\mathrm{H}) = 10^3(\mathrm{mH}) = 10^6(\mu\mathrm{H})$$

根据电磁感应定律可知，当通过电感线圈的磁通量(Φ)或者磁链(Ψ)发生变化时，就会在线圈两端感应出感应电动势。感应电动势的大小与磁通或磁通链的变化率成正比，方向则始终要阻碍原磁通或磁链的变化，感应电压的参考方向与磁通的参考方向符合右手螺旋定则，如图 2.37 所示。

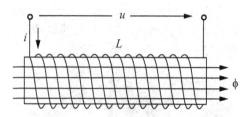

图 2.37　感应电压的方向

$$u = \frac{\mathrm{d}\Psi}{\mathrm{d}t} = N\frac{\mathrm{d}\Phi}{\mathrm{d}t}$$

当通过电感线圈的电压、电流取关联参考方向时，由 $\Psi = Li$ 得

$$u = L\frac{\mathrm{d}i}{\mathrm{d}t}$$

电感的这种特性说明，在任一瞬间，电感元件两端的电压大小与该瞬间电流的变化率成正比，而与该瞬间的电流大小无关。即使流过电感的电流很大，但只要电流不变化，则两端的电压依然为零；反之，电流为零时，电压不一定为零。

由于只有通过电感的电流发生变化时，电感元件两端才会出现电压，因此电感元件也称为"动态"元件，这一点与电容元件是类似的（只有当电容两端电压发生变化时才会有电流通过电容）。

在直流电路中，当电路稳定后，由于电流的大小是恒定的，所以电感两端产生的感应电压等于零。若忽略电感线圈本身的内阻，则电感在直流电路中相当于短路。

结论

电感在直流稳态电路中相当于一条导线，即电感的"通直"特性。

2.5 叠 加 定 理

2.5.1 实训：认识叠加定理

按照图 2.38 所示电路焊接或搭接电路。在 E_1、E_2 两个电压源作用的电路中，用万用表测量各处电压、电流值并记入表 2-1。通过实验数据，验证叠加定理。

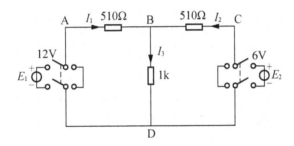

图 2.38 叠加定理验证电路

1. 训练目的

掌握并能够熟练运用叠加定理。

2. 任务分析与实施

表 2-1 叠加定理验证电路各测量值

测量项目 实验内容	E_1/V	E_2/V	I_1/mA	I_2/mA	I_3/mA	U_{AB}/V	U_{BC}/V	U_{CD}/V	U_{DA}/V	U_{BD}/V
E_1 单独作用										
E_2 单独作用										
E_1、E_2 共同作用										

结论

由观察表中电流或电压数值可知，E_1、E_2 共同作用时的电量等于 E_1、E_2 单独作用时在该支路上产生的电流或电压的叠加（即代数和），这就是叠加定理。

特别提示

测量各支路电流时，应注意仪表的极性及数据表格中"＋"、"－"号的记录。

注意仪表量程的及时更换。

思考

① 叠加原理中 E_1、E_2 分别单独作用，在实验中应如何操作？可否直接将不作用的电源(E_1 或 E_2)置零(短接)？

② 实验电路中，若有一个电阻器改为二极管，试问叠加原理的叠加性与齐次性还成立吗？为什么？

③ 各电阻器所消耗的功率能否用叠加原理计算得出？试用上述实验数据，进行计算并作结论。

2.5.2　叠加定理

叠加定理可表述为：在线性电路中，当有多个独立电源同时作用时，在任何一条支路上产生的电流或电压，等于各个独立电源单独作用时在该支路上产生的电流或电压的叠加(即代数和)。

说明

某一电源单独对电路作用时，其他电源对电路的作用则应视为零。具体的处理办法是：对理想电压源视为短路，对理想电流源视为开路。

应用叠加定理求图 2.39(a)中流过 R_1 的电流 I_1。

对图 2.39(b)所示电路求解可得到电压源单独作用时通过 R_1 的电流 I_1'，即

$$I_1' = \frac{U_{S1}}{R_1 + R_2}$$

对图 2.39(c)所示电路求解可得到电流源单独作用时通过 R_1 的电流 I_1''，即

$$I_1'' = -\frac{I_{S2}R_2}{R_1 + R_2}$$

根据叠加定理可知，通过 R_1 的电流 I_1 应为 I_1' 和 I_1'' 的叠加，即为代数和，即

$$I_1 = I_1' + I_1'' = \frac{U_{S1}}{R_1 + R_2} + \left(-\frac{I_{S2}R_2}{R_1 + R_2}\right)$$

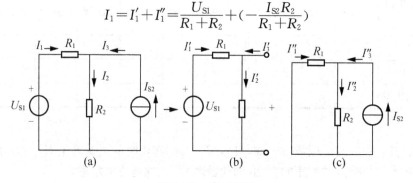

图 2.39　叠加定理

叠加定理应用的注意事项

用叠加定理分析电路的步骤实际上就是单个独立源作用于电路中，求支路电流或电压的步骤的重复，故不赘述。应用叠加定理时应注意以下几点。

（1）用叠加定理时，应保持电路结构及元件参数不变。当一个独立源单独作用时，其他独立源应为零值，即独立电压源应短路，而独立电流源应开路，但均应保留其内阻。

（2）在叠加时，必须注意总响应是各个响应分量的代数和，因此要考虑总响应与各个分响应的参考方向或参考极性。凡与总响应的取向一致，叠加时取"＋"号，反之取"－"号。

（3）用叠加定理分析含受控源的电路时，不能把受控源和独立源同样对待。因为受控源不是激励，只能当成一般元件将其保留。

（4）叠加定理只适用于求解线性电路中的电压和电流，而不能用来计算电路的功率，因为功率与电流或电压之间不是线性关系，而是平方关系。

【例2.8】　用叠加定理求图 2.40(a) 所示电路中的 I_1 和 U。

解： 因图中独立源数目较多，每一独立源单独作用一次，需要做 4 次计算，比较麻烦。故可采用独立源"分组"作用的办法求解。

两个电压源同时作用时，可将两电流源开路，如图 2.40(b) 所示。依图 2.40(b)，有

$$I_1'=\frac{12+6}{3+6}=2(\text{A})$$

$$U'=I_1'\times 6-6=2\times 6-6=6(\text{V})$$

两个电流源同时作用时，可将两电压源短路，如图 2.40(c) 所示。由于 2A 电流源单独作用时，3A 电流源开路，使得中间回路断开，故 I_1'' 仅由 3A 电流源决定。所以

$$I_1''=\frac{3\times 3}{3+6}=1(\text{A})$$

$$U''=6I_1''+2(3+2)=16(\text{V})$$

所以电源共同作用时的电流与电压分别为

$$I_1=I_1'+I_1''=2+1=3(\text{A})，\ U=U'+U''=6+16=22(\text{V})$$

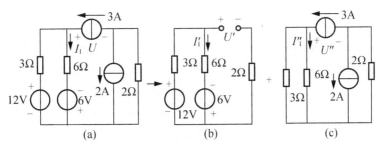

图 2.40　例 2.8 图

2.6 戴维南定理和诺顿定理

2.6.1 实训：认识戴维南定理

任何一个线性含源网络，如果仅研究其中一条支路的电压和电流，则可将电路的其余部分看作是一个有源二端网络(或称为含源一端口网络)。被测有源二端网络如图 2.41(a) 所示，用开路电压、短路电流法测定戴维南等效电路的 U_{OC} 和 R_0，可将图 2.41(a) 的二端网络等效为图 2.41(b)。

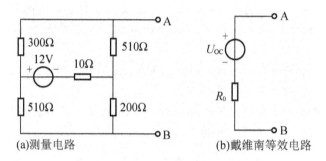

(a)测量电路   (b)戴维南等效电路

图 2.41 戴维南定理实训电路

1. 训练目的

认识戴维南定理内容。

掌握测量有源二端网络等效参数的一般方法。

2. 任务分析

戴维南定理指出：任何一个线性有源网络，总可以用一个等效电压源来代替，此电压源的电动势 E_S 等于这个有源二端网络的开路电压 U_{OC}，其等效内阻 R_0 等于该网络中所有独立源均置零(理想电压源视为短接，理想电流源视为开路)时的等效电阻。

在有源二端网络输出端开路时，用电压表直接测其输出端的开路电压 U_{OC}，然后再将其输出端短路，用电流表测其短路电流 I_{SC}，则内阻为

$$R_0 = \frac{U_{OC}}{I_{SC}}$$

3. 任务实施

(1) 图 2.41(a)所示电路中，将 A、B 两点开路，测量开路电压 U_{OC}；将 A、B 两点用导线短路，测量短路电流 I_{SC}，计算该二端网络等效内阻并填入表 2-2。

表 2-2 二端网络等效内阻测量数据

U_{OC}/V	I_{SC}/mA	$R_0 = U_{OC}/I_{SC}/\Omega$

(2) 将图 2.41(a)所示电路中 A、B 两点间接入可调电阻 R_L，改变 R_L 阻值，测量有源二端网络的外特性，填入表 2-3。

表2-3 有源二端网络外特性测量数据

R_L/Ω	0	100	200	500	1k	2k	∞
U_{AB}/V							
I_{AB}/mA							

(3) 用步骤(1)所测数据代替图2.41(b)所示电路中参数,在该等效电路A、B两端接入负载,计算U_{AB}和I_{AB},验证戴维南定理。

表2-4 等效电路测量数据

R_L/Ω	0	100	200	500	1k	2k	∞
U_{AB}/V							
I_{AB}/mA							

思考总结

表2-3测得有源二端网络的外特性与表2-4等效电路计算数值是否相等?说明什么?

2.6.2 戴维南定理

戴维南定理指出:任何一个线性有源网络,总可以用一个等效电压源来代替,此电压源的电动势E_s等于这个有源二端网络的开路电压U_{OC},其等效内阻R_0等于该网络中所有独立源均置零(理想电压源视为短接,理想电流源视为开路)时的等效电阻。

在独立电源的联接组合中,一个含有电源的一端口网络,对外部电路而言,通过电源的等效变换与组合,最终可以将该一端口网络等效为一个实际电压源或者电流源。而戴维南定理和诺顿定理要描述的正是这种等效关系。

1. 戴维南定理及等效过程

戴维南定理可以表述为,在一个线性含有独立电源的一端口网络中,对外电路而言,总是可以用一个理想电压源与电阻串联构成的实际电压源模型来等效替代,该实际电压源模型的电压等于该电路端口处的开路电压,其串联的电阻(内阻)等于电路去掉内部独立电源后,从端口处得到的等效电阻(该电阻也称为戴维南电阻)。

特别提示

去掉内部独立电源的含义是指将一端口网络内部的电压源短路,电流源开路,但必须保留它们的内阻。

图2.42(a)是一个含源一端口网络通过两个端子a和b与一个外电路(电阻)相连的电路。这里的外电路指的是一端口网络以外的电路。图2.42(b)所示虚线部分是一端口网络的等效电压源,等效后对外电路(电阻)上的电流与电压等电路变量而言不会发生任何变化。等效电压源的电压与电阻可以通过戴维南定理求取,下面通过例题来说明等效电压源的求取方法。

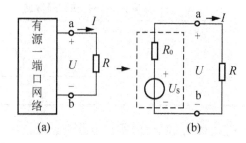

图 2.42 戴维南定理

【例 2.9】 用戴维南定理求图 2.43 所示电路中的电流 I。已知：$U_{S1}=4\text{V}$，$R_1=4\Omega$，$R_2=8\Omega$，$R=4\Omega$，$I_{S2}=4\text{A}$。

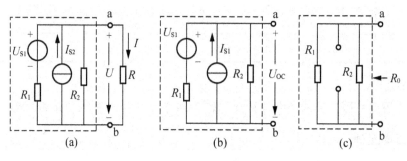

图 2.43 例 2.9 图

解： 根据戴维南定理可知，等效电压源的电压等于一端口网络的开路电压，电阻等于一端口网络去掉电源后的等效电阻。因此需要画出电路图 2.43(b)和图 2.43(c)以便求解。

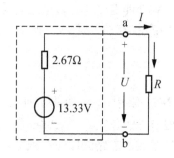

图 2.44 图 2.43(a)等效电路

（1）对图 2.43(b)求开路电压 U_{OC}，有（具体求解过程略）
$$U_{OC}=13.33(\text{V})$$

（2）对图 2.43(c)求一端口网络去掉电源后的等效电阻 R_0，有

$$R_0=\frac{R_1R_2}{R_1+R_2}=2.67(\Omega)$$

因此，图 2.43(a)中虚线部分的有源一端口网络最终可以等效为一个电压是 13.33V、内阻等于 2.67Ω 的电压源，如图 2.44 所示。

因此，电流 I 可以直接通过对图 2.44 求解获得，即为

$$I=\frac{13.33}{2.67+R}=\frac{13.33}{2.67+4}=2(\text{A})$$

在电路分析中，经常会碰到计算电路网络中的某条支路或某个元件上电量的问题，此时可考虑采用戴维南定理，将被求支路或者元件看成是外电路，其余部分看成是内电路而将其简化为一个电压源，这样可以大大提高计算的效率。

应用戴维南定理的关键是获取含源一端口网络的开路电压(U_{OC})和戴维南电阻(R_0)。现将参数 U_{OC} 和 R_0 的计算方法叙述如下。

开路电压的求取方法一般有两种，即计算法与实验测量法。

（1）计算法是将外电路开路后根据网络的实际情况，适当地选用所学的电阻性网络分

析的方法及电源等效变换、叠加原理等求取开路电压。

（2）实验测量法是将外电路开路后直接用仪表测量端口处的开路电压。

戴维南电阻的求取方法一般有 3 种，即计算法、开路/短路法和外加电源法。

（1）计算法是去掉网络内部独立电源（转化为无源网络）后，用电阻串并联简化和 Y—△变换等方法求取端口的等效电阻。

（2）开路/短路法则是首先通过求取开路电压 U_{OC}，然后将端口短路求取短路电流 I_{OC}，再通过计算求得。求解公式如下

$$R_0 = \frac{U_{OC}}{I_{SC}}$$

（3）外加电源法则是将有源电路网络变为无源电路网络后，在端口处外加电压 U，然后求取端口电流 I，再通过计算求得。计算公式如下：

$$R_0 = \frac{U}{I}$$

应当指出的是，当电路中含有受控源时，戴维南电阻的求取只能用开路/短路法和外加电源法，且同叠加定理一样，受控源要同电阻一样对待，即去掉独立电源时，受控源与电阻一样保留。

思考

电路中某两端开路时，测得这两端的电压为 5V；当这两端短接时，通过短路线上的电流是 5A，当此两端接上 4Ω 电阻时，通过电阻中的电流应为多少？

2. 戴维南定理分析电路的步骤

经过以上分析，用戴维南定理分析电路的步骤归纳总结如下。

（1）根据题意选择合适的电路为内电路和外电路，将外电路从电路中移开，保留一端口网络；选择合适的方法求有源一端口网络的开路电压。

（2）将有源一端口网络转化为无源一端口网络，选择合适的方法求该网络的戴维南电阻。

（3）画出等效电路，求解待求电量。

下面通过具体例题说明戴维南定理的使用。

【例2.10】　图 2.45(a) 所示电路中，已知 $R=2\Omega$，求通过电阻 R 的电流 I。

解： 当 ab 端口开路时，如图 2.45(b) 所示，求开路电压 $U_0(U_{OC})$。根据 KVL 定律，有

$$U_0 = U_{OC} = 2 \times 3U_0 + 2I' = 6U_0 + 2 \times \frac{2}{1+2} = 6U_0 + \frac{4}{3}$$

解得 U_0 为

$$U_0 = U_{OC} = -\frac{4}{15} = -0.267(\text{V})$$

由于电路中含有受控电流源，因此采用外加电源法求其戴维南电阻 R_0。设外加电源电压为 U_0，其引起的电流为 I_0，电路如图 2.45(c) 所示。为了方便分析，将图 2.45(c) 所示电路重画如下，并将电路中的受控电流源等效为受控电压源，如图 2.46(a) 和图 2.46

（b）所示。根据 KVL 定律，有

$$U_0 = 6U_0 + 2I_0 + 2I'' = 6U_0 + 2I_0 + \frac{2}{3}I_0$$

解得

$$R_0 = \frac{U_0}{I_0} = -\frac{8}{15} = -0.53(\Omega)$$

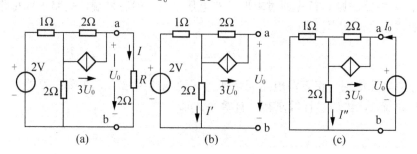

图 2.45　例 2.10 图

最终得到的戴维南等效电路，如图 2.46（c）所示，电路中出现了负电阻，这是含受控源电路可能出现的现象，属于正常情况。电路中电流 I 为

$$I = -0.182(\text{A})$$

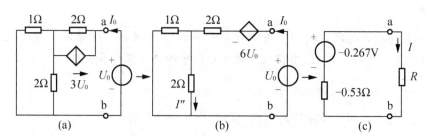

图 2.46　图 2.45 戴维南电阻和等效电路

2.6.3　诺顿定理

诺顿定理可以表述为：对于任意一个线性有源一端口网络，如图 2.47（a）所示，可用一个电流源及内阻为 R_0 的并联组合来代替，如图 2.47（b）所示。电流源的电流为该网络的短路电流 I_{SC}，如图 2.47（c）所示，内阻等于该网络中所有理想电源置零时从网络看进去的等效电阻，如图 2.47（d）所示。

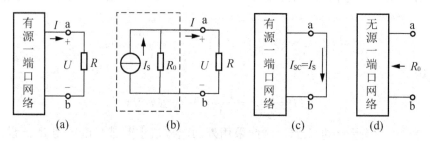

图 2.47　诺顿定理

线性一端口有源网络，既可以用戴维南定理转变为一个电压源，也可以用诺顿定理转变为电流源。

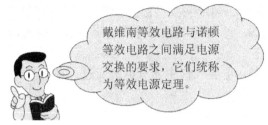

戴维南等效电路与诺顿等效电路之间满足电源交换的要求，它们统称为等效电源定理。

【例2.11】 图2.48(a)所示电路中，若$R=6\Omega$，试用诺顿定理计算支路电流I。

解： 将待求支路R看成是外电路，其余部分则是一个一端口网络。根据诺顿定理求解的要求，画出求短路电流I_{SC}和电阻R_0的电路，分别如图2.48(b)和图2-48(c)所示。

(1) 求取短路电流I_{SC}，电路如图2.48(b)所示。

由于U_{ab}之间的电压为零，因此电流I_1和I_2分别为

$$I_1=\frac{10}{2}=5(\text{A}), \quad I_2=\frac{6}{1}=6(\text{A})$$

所以短路电流I_{SC}为

$$I_{SC}=I_S=I_1+I_2=5+6=11(\text{A})$$

(2) 求取等效电阻R_0，电路如图2.48(c)所示。

$$R_0=\frac{2\times1}{2+1}=\frac{2}{3}(\Omega)$$

(3) 画出诺顿等效电路，求取电流I，电路如图2.48(d)所示。

$$I=\frac{I_S\times R_0}{R_0+R}=\frac{11\times2/3}{2/3+6}=1.1(\text{A})$$

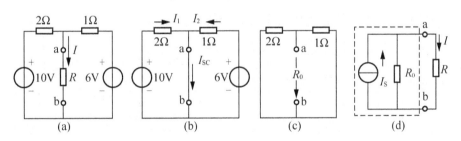

图2.48 例2.11图

项 目 小 结

直流稳态电路在激励作用下，电路各处产生的响应恒定不变。简单直流稳态电路可以通过等效变换及欧姆定律、基尔霍夫定律分析；复杂直流稳态电路还需要利用叠加定理、戴维南定理和诺顿定理分析。本项目中知识点包括以下几个方面。

1. 串联电路中各电阻上的电流相等，电阻上电压与电阻值成正比。串联电路两端的等效电阻等于各电阻之和，即$R=R_1+R_2+\cdots$，总电压等于各电阻上电压之和。

2. 并联电路中，电阻上的电压相等，电阻上电流与它们的电阻成反比。并联电路两

端的等效电导等于各支路电导之和，即 $G=G_1+G_2+\cdots$，并联电路的总电流等于各支路电流之和。

3. 电阻元件的联接形式常用的还有星形和三角形联接。它们之间可进行等效转换。

4. 理想电压源串联一个电阻可以等效为一个理想电流源并联一个电阻。恒流源与恒压源不能进行等效变换。

5. 只有当电容元件两端电压发生变化时，电容元件中才有电流通过，且电流为：$i=C\dfrac{\mathrm{d}u_C}{\mathrm{d}t}$。直流稳态电路中电容处于开路状态。

6. 只有通过电感的电流发生变化时，电感元件两端才会产生电压，即 $u=L\dfrac{\mathrm{d}i}{\mathrm{d}t}$。直流稳态电路中电感处于短路状态。

7. 用叠加定理求解线性电路的基本思想是：化整为零求电路，集零为整算整体。即将多个独立源作用的复杂电路分解成每一个(也可以是每一组)独立源单独作用，其余独立源均置零(即电压源短路，电流源开路)的多个简单电路，在分解图中计算响应，最终求其代数和。

8. 戴维南定理指出，对于任意一个线性有源一端口网络，可用一个电压源及其内阻 R_s 的串联组合来替代。电压源的电压为该网络的开路电压 U_{OC}；内阻 R_0 等于该网络中所有理想电源为零时，从网络两端看进去的电阻。

9. 诺顿定理指出，对于任意一个线性有源一端口网络，可用一个电流源及内阻为 R_s 的并联组合来代替。电流源的电流为该网络的短路电流 I_{SC}，内阻等于该网络中所有理想电源置零时从网络两端看进去的电阻。

思考题与习题

2.1 求图 2.49 所示各电路中 a、b 两点间的等效电阻。

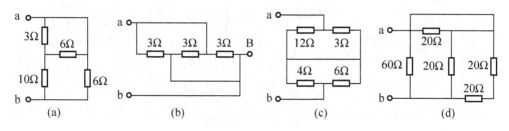

图 2.49 题 2.1 图

2.2 求图 2.50 所示电路中的电流 I。

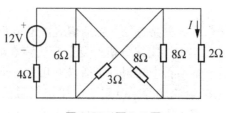

图 2.50 题 2.2 图

2.3 求图2.51所示各电路中a、b两点间的等效电阻。

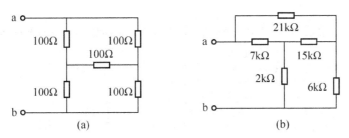

图2.51 题2.3图

2.4 求图2.52所示各电路的等效电压源和电流源模型。

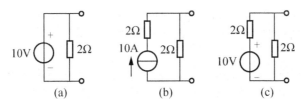

图2.52 题2.4图

2.5 求图2.53中(a)、(b)、(c)各电路的等效电流源模型。

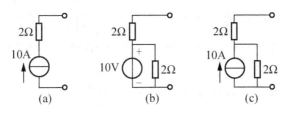

图2.53 题2.5图

2.6 求图2.54中(a)、(b)、(c)、(d)各电路的等效电压源和电流源模型。

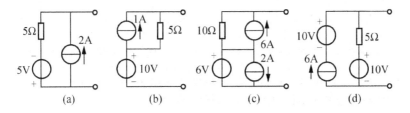

图2.54 题2.6图

2.7 图2.55所示电路的R取何值时,可从电路获得最大功率?并求此最大功率。

2.8 图2.56所示电路中,试求电流I和电压U。

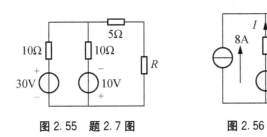

图2.55 题2.7图　　图2.56 题2.8图

2.9 试用电压源与电流源的等效变换法,求图 2.57 所示电路中的 2Ω 电阻上的电流 I。

2.10 图 2.58 所示电路中,分别计算电压源的电流和电流源的电压及其各自的功率。

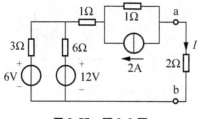
图 2.57 题 2.9 图

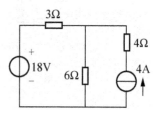
图 2.58 题 2.10 图

2.11 图 2.59 所示电路中,求电流 I 和电压 U。

2.12 图 2.60 所示电路中,已知 $U=28\text{V}$,求电阻 R。

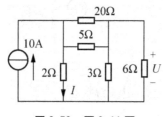
图 2.59 题 2.11 图

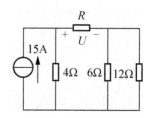
图 2.60 题 2.12 图

2.13 图 2.61 所示电路中,(1)求开关 S 打开后电路达到稳态时的电压 U_{ab};(2)求 S 闭合后电路达到稳态时的电流 I_{ab}。

2.14 图 2.62 所示直流电路达到稳定后,求电流 I。

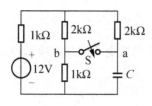
图 2.61 题 2.13 图

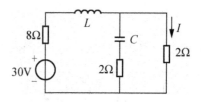
图 2.62 题 2.14 图

2.15 电路如图 2.63 所示,应用叠加定理求电路中的 I_1 和 I_2。

2.16 试用叠加定理求图 2.64 所示电路中的 U。

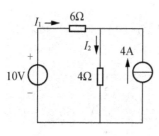
图 2.63 题 2.15 图

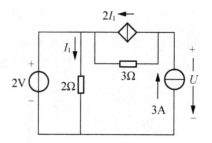
图 2.64 题 2.16 图

2.17 试用叠加定理求图 2.65 所示电路中的电流 I。

2.18 试用叠加定理求图 2.66 所示电路中的 U 和 I。

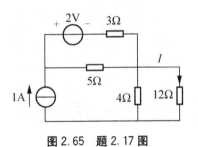

图 2.65 题 2.17 图

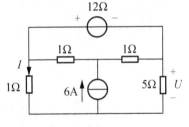

图 2.66 题 2.18 图

2.19 电路如图 2.67 所示，求该电路的戴维南等效电路。

2.20 试用戴维南定理求图 2.68 所示电路中的电流 I。

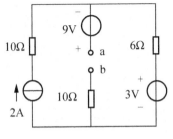

图 2.67 题 2.19 图

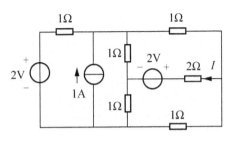

图 2.68 题 2.20 图

2.21 试用戴维南定理求图 2.69 所示电路中的电压 U。

2.22 试用戴维南定理求图 2.70 所示电路中通过 3Ω 电阻的电流 I。

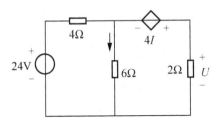

图 2.69 题 2.21 图

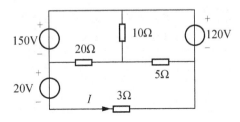

图 2.70 题 2.22 图

项目3

日光灯电路的分析与安装

知识目标	了解日光灯电路的组成 理解正弦交流电的基本概念 理解正弦交流电的三要素、有效值、相位差及相量 理解正弦交流电路中的电阻、电容、电感的性质 掌握正弦交流电路的功率计算
能力目标	会正确使用万用表测量正弦交流电路中的电压和电流 会正确使用函数信号发生器和示波器 能够正确计算交流电路中的功率 能读懂电路图，会安装电路

引例

日光灯实物图如图3.1所示，它是人们日常生活中一种常见的照明工具，它和启辉器、镇流器等器件共同构成了日光灯电路。图3.2是日光灯电路结构示意图，当开关闭合时，日光灯管并不会马上发光，而是会闪烁几下，过了几秒钟后才会正常发光，这是为什么呢？它的工作过程又是怎样的呢？把它接在直流电路中，会发生什么样的现象呢？下面将首先介绍交流电的基础知识，再来解答这些问题。

图 3.1 日光灯实物图

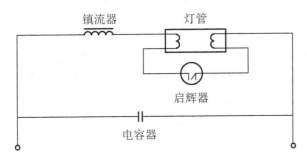

图 3.2 日光灯电路结构示意图

3.1 正弦交流电的认识

在现代工农业生产和日常生活中，交流电被广泛地使用着。其最基础的用途是照明、各类家用小电器、汽车的蓄电池、电动机等。与直流电相比，交流电在产生、输送和使用方面具有明显的优点和重大的经济意义。例如在远距离输电时，采用较高的电压可以减少线路上的损失，此时可以对电压进行升压处理后再输电。对于用户来说，采用较低的电压既安全，又可以降低电器设备的绝缘要求此时可以对电压进行降压处理后再供用户使用，交流电能够方便地实现电压变换。此外，和直流电动机相比，异步电动机具有构造简单、价格便宜、运行可靠等优点。

3.1.1 实训：正弦交流电的观察与测量

1. 训练目的

通过任务学会 Multisim 仿真软件中虚拟示波器的使用方法。

了解直流信号与交流信号的区别。

理解交流信号的特点。

2. 任务分析

在12V、10W 的灯泡两端分别加上 12V 的直流电源和交流电源，观察灯泡的发光现象，并用示波器观察灯泡的输出电压波形，测量直流电路的输出电压及交流电路的电压变化范围。改变交流电源的频率，观察灯泡发光现象的变化。

图 3.3 给出的两个电路结构相同，元件参数相同，只是信号源不同。由于灯泡 X1、X2 与电源并联，因而示波器所测得的电压波形即信号源的波形。

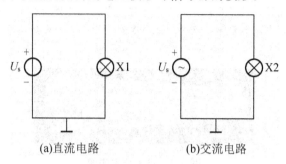

(a)直流电路　　　　　　(b)交流电路

图 3.3　直流信号与交流信号电路的比较

3. 任务实施

(1) 实训任务在 Multisim 仿真软件中完成。电路连接如图 3.4 所示，示波器连接时注意示波器接地端要与图 3.3(a)(b)两个电路共地。交流电路信号源可由交流电源产生，也可由信号发生器产生，启动仿真按钮，观察灯泡发光现象，双击示波器观察信号波形，并记录波形的大小或变化范围，并将波形绘制在如图 3.5 所示的图中。

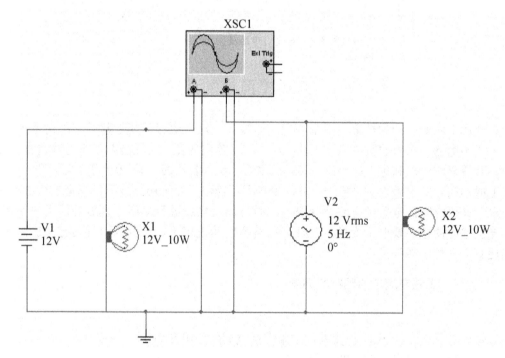

图 3.4　仿真电路

（2）改变交流电路的信号源频率为 50Hz，观察灯泡的变化并分析原因。双击示波器，观察波形有何变化。

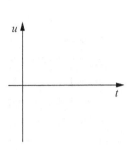

图 3.5 记录波形图

 思考

（1）直流信号与交流信号有何不同？

（2）改变信号的频率大小会引起输出波形幅度的变化吗？

3.1.2 正弦交流电的基本概念

1. 正弦交流电的定义

人们生活中常见的电灯、电动机、家用电器等用的都是交流电。

交流电（Alternating Current，AC）又称为"交变电流"，一般指大小和方向随时间做周期性变化的电压或电流。在使用中，交流电用符号～表示。其中以正弦交流电的应用最为广泛，正弦交流电是指随时间按正弦函数规律变化的电压和电流，波形图如图 3.6 所示。

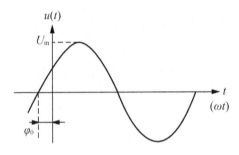

图 3.6 正弦交流电的波形图

大小及方向均随时间按正弦规律做周期性变化的电流、电压、电动势叫做正弦交流电流、电压、电动势，它们在某一时刻 t 的值称为瞬时值，可用三角函数式（瞬时值表达式）来表示。瞬时值表达式的标准形式为

$$a(t) = A_m \sin(\omega t + \varphi_0)$$

正弦交流电压、电流和电动势的瞬时值表达式分别为

$$u(t) = U_m \sin(\omega t + \varphi_u)$$
$$i(t) = I_m \sin(\omega t + \varphi_i)$$
$$e(t) = E_m \sin(\omega t + \varphi_e)$$

2. 正弦交流电的三要素

在三角函数式 $a(t) = A_m \sin(\omega t + \varphi_0)$ 中，A_m、ω、φ_0 决定了 $a(t)$ 的值和波形，而在电路中，将 A_m、ω、φ_0 称为正弦交流电的三要素。

1）最大值（A_m）

最大值也称为振幅、峰值，它反映了正弦交流电变化的范围或者幅度。

2）相位（$\omega t + \varphi_0$）与初相（φ_0）

正弦交流电瞬时值表达式中的 $\omega t + \varphi_0$ 称为相位或相角。它反映了正弦交流电在不同时刻的变化趋势和大小。初相（φ_0）就是 $t = 0$ 时刻的相位，反映了正弦交流电在计时开始

时的状态。一般用弧度(rad)表示相位与初相的单位,也可用"度"表示。

3) 角速度(ω)、周期(T)和频率(f)

角速度、周期和频率从不同角度反映正弦交流电交变速度的快慢。

角速度(ω):也称为角频率,它表示正弦交流电单位时间内的弧度变化率。角速度的单位一般使用弧度/秒(rad/s);ω越大说明正弦交流电交变的速度就越快,反之则越慢。

周期(T):正弦交流电变化一周所需要的时间,它的单位通常使用秒(s);周期越短,说明正弦量变化的速度就越快。

频率(f):正弦交流电每秒钟变化的次数;频率越高则说明正弦量交变的速度越快;频率的单位通常使用赫〔兹〕(Hz)、千赫(kHz)和兆赫(MHz)。它们之间的关系如下

$$1(MHz) = 1 \times 10^3 (kHz) = 1 \times 10^6 (Hz)$$

周期、频率和角速度3个物理量之间存在以下关系

$$f = \frac{1}{T}, \quad \omega = \frac{2\pi}{T} = 2\pi f$$

 小知识

事实上,描述正弦交流量变化速度时,习惯上通常用频率(f)反映交变的快慢而很少使用角速度(ω)这个物理量。

我国采用的工业和民用电网标准频率是50Hz,这种交流电称为"工频"交流电。工频信号周期和角速度分别是多少?

 思考

已知电流瞬时值表达式为 $i_1(t) = -10\sin(314t - 60°)(A)$,试确定该电流的最大值、周期、频率和初相。

 特别提示

(1) 用余弦函数表示的交变电量也是正弦交流电。因为在三角函数中,余弦和正弦是可以互换的。

(2) 在瞬时值表达式中 $A_m > 0$,$-\pi \leqslant \varphi_0 \leqslant \pi$,若不符合上述要求,可通过三角函数将瞬时值表达式转换成标准形式。

(3) 弧度(rad)与角度的换算关系为

$$1(rad) = \frac{180°}{\pi} \quad 或 \quad 1° = \frac{3.14}{180}(rad)$$

> 正弦、余弦函数都能描述正弦交流电,正切或余切函数能用吗?

3. 正弦交流电的有效值

在实际使用中，如果用最大值来计算正弦交流电的电功或电功率并不合适，因为在一个周期中只有两个瞬间达到这个最大值。为此人们通常用有效值来表示正弦交流电的大小。

在交流电变化的一个周期内，如果交流电流在电阻 R 上所产生的热量相当于直流电流在该电阻上所产生的热量，则该直流电流的数值就是该交流电流的有效值。正弦交流电的有效值用大写英文字母表示，如 I、U、E 分别表示电流、电压和电动势的有效值。家庭中使用的交流电网的电压 220V 指的就是有效值。

结论

正弦交流电的有效值等于最大值的 $\dfrac{1}{\sqrt{2}}$（即有效值是最大值的 0.707 倍）。

$$I=\frac{1}{\sqrt{2}}I_m=0.707I_m$$

$$U=\frac{1}{\sqrt{2}}U_m=0.707U_m$$

$$E=\frac{1}{\sqrt{2}}E_m=0.707E_m$$

特别提示

我国工业和民用交流电源的有效值为 220V，工程上所说的交流电压、电流值指的是有效值，电气铭牌额定值、交流电表读数也是有效值。

问题

一个正弦电流的初相位为 60°，在 $t=T/4$ 时刻的电流瞬时值为 5A，该电流的有效值是多少呢？

4. 正弦交流电的相位差

在电子电路中，通常要比较两个或两个以上相同频率的正弦交流量之间的变化"步调"，往往用"相位差"这个物理量来反映。

两个相同频率的正弦交流量的相位之差即为相位差。

下面是两个正弦交流电压的瞬时值表达式

$$u_1(t)=U_{m1}\sin(\omega t+\varphi_1)\quad(\text{V})$$
$$u_2(t)=U_{m2}\sin(\omega t+\varphi_2)\quad(\text{V})$$

$u_1(t)$ 与 $u_2(t)$ 之间的相位差写成以下形式

$$\varphi_{12}=(\omega t+\varphi_1)-(\omega t+\varphi_2)=\varphi_1-\varphi_2$$

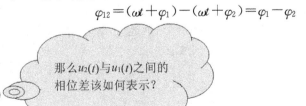

那么 $u_2(t)$ 与 $u_1(t)$ 之间的相位差该如何表示？

相同频率的正弦交流量之间的相位差等于它们的初相之差。相位差等于零的两个正弦交流量的变化步调是一致的，通常称之为"同步"；反之，称为"不同步"。

假设有一个正弦交流电流，一个正弦交流电压，它们的瞬时值表达式如下

$$i(t) = I_m \sin(\omega t + \varphi_1) \quad (A)$$
$$u(t) = U_m \sin(\omega t + \varphi_2) \quad (V)$$

$i(t)$、$u(t)$ 间的相位差波形图如图 3.7 所示。

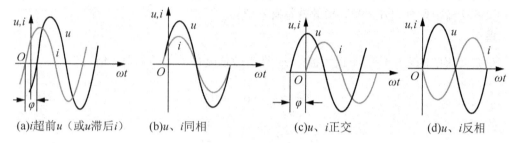

(a)i超前u（或u滞后i）　(b)u、i同相　(c)u、i正交　(d)u、i反相

图 3.7　相位差波形图

若相位差 $\varphi_{iu} = \varphi_1 - \varphi_2 > 0$，则正弦量 $i(t)$ 超前 $u(t)$ 的相位为 φ_{12}；

若相位差 $\varphi_{iu} = \varphi_1 - \varphi_2 < 0$，则正弦量 $i(t)$ 滞后 $u(t)$ 的相位为 φ_{12}；

若相位差 $\varphi_{iu} = \varphi_1 - \varphi_2 = \pm\pi/2$，则正弦量 $i(t)$ 与 $u(t)$ 正交；

若相位差 $\varphi_{iu} = \varphi_1 - \varphi_2 = 0$，则正弦量 $i(t)$ 与 $u(t)$ 同相；

若相位差 $\varphi_{iu} = \varphi_1 - \varphi_2 = \pm\pi$，则正弦量 $i(t)$ 与 $u(t)$ 反相。

 问题

若 $i_1(t) = -14.1\sin(\omega t - 120°)$，$i_2(t) = 7.05\cos(\omega t - 60°)$，$i_1$ 与 i_2 的相位差是多少？

 **特别提示**

求两个正弦交流电的相位差时，必须先将它们转化为标准形式。参考三角函数如下公式

$$-\sin\varphi = \sin(\varphi + \pi), \quad \cos\varphi = \sin\left(\varphi + \frac{\pi}{2}\right), \quad |\varphi| \leq \pi$$

3.1.3　正弦交流电的 3 种表示形式

1. 瞬时值表达式

由于正弦交流电是电流随时间发生正弦函数规律变化的电量。在一个周期内不同的时刻对应不同的值，因而可以把正弦交流电的标准形式（通式）表示为

$$a(t) = A_m \sin(\omega t + \varphi_0)$$

这就是瞬时值表达式。

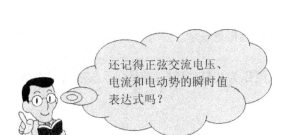

还记得正弦交流电压、电流和电动势的瞬时值表达式吗？

$u(t) =$ _____

$i(t) =$ _____

$e(t) =$ _____

【例 3.1】 已知某正弦交流电流的最大值是 2A，频率为 100Hz，设初相位为 $60°$，则该电流的瞬时表达式是什么？

解： $i = I_\mathrm{m}\sin(\omega t + \varphi_{i0}) = 2\sin(2\pi f t + 60°) = 2\sin(628t + 60°)$ （A）

2. 波形图

用波形图表示正弦交流电：以 t 或 ωt 为横坐标，以 i、e、u 为纵坐标。从波形图中可直观地表达出正弦交流电流的最大值、初相角和角频率 ω。观察图 3.8 所示的电流波形图。

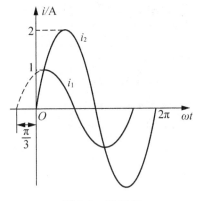

图 3.8　波形图

从图 3.8 中可看出

$$I_{1\mathrm{m}} = 1\mathrm{A}, \quad I_{2\mathrm{m}} = 2\mathrm{A}, \quad \omega T = 2\pi, \quad \varphi = \frac{\pi}{3}$$

3. 相量法

相量：表示正弦交流电的矢量，用大写字母上加"·"的符号表示。

相量图：按照各个正弦量的大小和相位关系用初始位置的有向线段画出的若干个相量的图形。在相量图上能直观地看出各个正弦量的大小和相互间的相位关系。同频率的几个正弦量的相量可画在同一个图上，如图 3.9 所示。

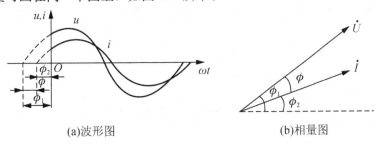

(a)波形图　　　　　　　　　(b)相量图

图 3.9　相量图

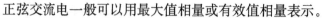

正弦交流电一般可以用最大值相量或有效值相量表示。

1) 最大值相量表示法

最大值相量表示法用正弦交流电的最大值作为相量的模(长度大小)、初相位作为相量的辐角，如$\dot{E}_m$、$\dot{U}_m$、$\dot{I}_m$。

例如有 3 个正弦交流电分别为

$$e = 60\sin(\omega t + 60°) \quad (V)$$
$$u = 30\sin(\omega t + 30°) \quad (V)$$
$$i = 5\sin(\omega t - 30°) \quad (A)$$

则它们的最大值相量图如图 3.10 所示。

它们的最大值相量可表示为

$$\dot{E}_m = 60\angle 60° \text{V}; \qquad \dot{U}_m = 30\angle 30° \text{V}; \qquad \dot{I}_m = 5\angle -30° \text{A}$$

2) 有效值相量表示法

有效值相量表示法用正弦交流电的有效值作为相量的模(长度大小)、初相位作为相量的辐角，如$\dot{E}$、$\dot{U}$、$\dot{I}$。

例如有两个正弦交流电分别为

$$u = 220\sqrt{2}\sin(\omega t + 53°) \quad (V)$$
$$i = 0.41\sqrt{2}\sin\omega t \quad (A)$$

它们的有效值相量图如图 3.11 所示。

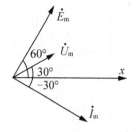

图 3.10 最大值相量图

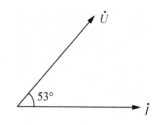

图 3.11 有效值相量图

它们的有效值相量可表示为

$$\dot{U} = 220\angle 53° \text{ V}, \quad \dot{I} = 0.41\angle 0° \text{ A}$$

 问题

最大值相量与有效值相量有什么关系？正弦交流电的相量表示形式等同于其瞬时值表示形式吗？

 特别提示

相量只用于表示正弦量，它们之间只是对应关系，而不是等于关系。在同一个矢量图中不能出现不同频率的正弦量。

拓展阅读

<h1>复数及正弦交流电</h1>

1. 复数

1) 复数知识

设 A 是一个复数，它的代数形式（或直角坐标形式）为

$$A=a+jb$$

其中，a 为复数 A 的实部，b 为复数 A 的虚部。j 为虚数单位。

复数 A 的其他表示形式为

$A=|A|(\cos\varphi+j\sin\varphi)$——三角形式

$A=|A|\angle\varphi$——极坐标形式

$A=|A|e^{j\varphi}$——指数形式

其中 $|A|$ 表示复数 A 的模，φ 表示复数 A 的辐角。

它们之间的对应关系为

$$a=|A|\cos\varphi,\qquad b=|A|\sin\varphi$$

$$|A|=\sqrt{a^2+b^2},\qquad \varphi=\arctan\frac{b}{a}$$

复数的相量表示如图 3.12 所示。

2) 复数的运算

设有两个复数，分别为：$A_1=a_1+jb_1=|A_1|\angle\varphi_1$，$A_2=a_2+jb_2=|A_2|\angle\varphi_2$，则

(1) 加减运算：$A_1\pm A_2=(a_1\pm a_2)+j(b_1\pm b_2)$。

几何作图法如图 3.13 所示。

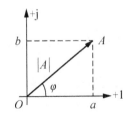

图 3.12　复数的相量表示

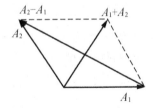

图 3.13　复数加减法图示

(2) 乘除运算：$A_1\cdot A_2=|A_1|\cdot|A_2|\angle\varphi_1+\varphi_2$，$\dfrac{A_1}{A_2}=\dfrac{|A_1|}{|A_2|}\angle\varphi_1-\varphi_2$。

由上所述可知，复数的加减运算使用代数式和三角式，乘除运算使用指数式和极坐标式。

2. 正弦交流电与复数的关系

正弦交流电可以用有向线段表示，而有向线段可以用复数表示，因此正弦量可以用复数来表示。例如：正弦交流电流 $i(t)=I_m\sin(\omega t+90°)$，它的相量图如图 3.14 所示。

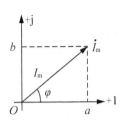

图 3.14　相量图

它的相量式为：

$$\dot{I}=Ie^{j\varphi}=I\angle\varphi=I(\cos\varphi+j\sin\varphi)$$

结论

正弦交流电的运算可先转化成相量形式，然后根据复数的运算法则进行计算。

3.2 正弦交流电路中的基本元件

3.2.1 实训：纯电阻正弦交流电路

在 $R=1\text{k}\Omega$ 的电阻两端加上正弦交流电源 u、i，其中 $u=2\sin(2000\pi t)\text{V}$ 改变电源的大小，用万用表（或电压表、电流表）测量电阻 R 的电压和电流，如图 3.15 所示。

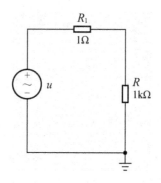

图 3.15 纯电阻正弦交流电路

1. 训练目的

理解 R 在正弦交流电路中的电压、电流关系。

掌握用万用表测交流电压、交流电流的方法。

掌握信号发生器的使用方法。

2. 任务实施

(1) 按图 3.15 连接电路，交流信号由信号发生器提供，用电压表和电流表分别测量电阻两端的电压及流过电阻的电流。

(2) 将图中开关 S 闭合，改变信号发生器输出交流信号的频率和电压，观察电路中电压表和电流表的变化。

(3) 根据测得的数据，绘制电阻的伏安特性曲线。

(4) 用功率表测量电阻所消耗的功率，总结功率与电阻的电压和电流的关系。把上述数据填入表 3-1 中。

表 3-1 任务测得数据

频率 f/Hz	电压 U/V	电流 I/A	功率 P/W

思考

(1) 正弦交流电路中电阻两端的电压与电流有效值满足欧姆定律吗？它们的瞬时值满足欧姆定律吗？

（2）电阻的功率与电压、电流有什么关系？

3.2.2　纯电阻正弦交流电路的特点

1. 电流与电压的关系

在实训任务中，取电压与电流参考方向相关联，即电压、电流参考方向相同，如图3.16所示。

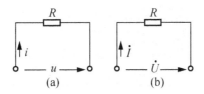

图3.16　纯电阻正弦交流电路

图3.16(a)是用瞬时值表示的电路，图3.16(b)是用相量表示的电路。

设加在电阻R两端的电压为

$$u = U_m \sin(\omega t + \varphi_u) = \sqrt{2}\, U \sin(\omega t + \varphi_u)$$

有效值相量表达式为

$$\dot{U} = U \angle \varphi_u$$

最大值相量表达式为

$$\dot{U}_m = U_m \angle \varphi_u$$

电阻、电压与电流瞬时值之间满足欧姆定律。因此有

$$i = u/R = \frac{U_m \sin(\omega t + \varphi_u)}{R} = \frac{U_m}{R} \sin(\omega t + \varphi_u)$$

$$= I_m \sin(\omega t + \varphi_u) = \sqrt{2}\, I \sin(\omega t + \varphi_u)$$

电流的有效值相量为

$$\dot{I} = I \angle \varphi_u$$

最大值相量为

$$\dot{I}_m = I_m \angle \varphi_u$$

电压有效值（或最大值）、电流有效值（或最大值）和电阻三者之间满足欧姆定律，即

$$I = \frac{U}{R} \quad 或 \quad I_m = \frac{U_m}{R}$$

将电压与电流之间的关系用相量表示出来。则有

$$\dot{I} = \frac{\dot{U}}{R} \quad 或 \quad \dot{I}_m = \frac{\dot{U}_m}{R}$$

$$\varphi_u = \varphi_i$$

结论

纯电阻正弦交流电路中的电流、电压与电阻三者之间存在以下关系。

（1）电阻上的电压与电流频率相同，相位与初相位相同。

（2）电流、电压的有效值、瞬时值、最大值与电阻之间满足欧姆定律。

（3）电流、电压的有效值或最大值相量与电阻之间满足欧姆定律。

练习

在图 3.16 所示的纯电阻正弦交流电路中以电压相量作为参考相量，试画出电阻、电压、电流相量图。

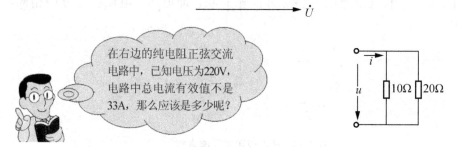

2. 电阻上功率的计算

当电流通过电阻时电阻上有电功率损耗，由于正弦交流电流是随时间变化的量，所以电阻上的功率也将是随时间变化的量，即瞬时功率是时间的函数 $p(t)$。在图 3.16 所示的电路中，电流与电压的参考方向相关联时，若电阻上的电压为

$$u=U_{\mathrm{m}}\sin \omega t=\sqrt{2}U\sin \omega t$$

那么，电阻的电流瞬时值可写成

$$i=\frac{u}{R}=I_{\mathrm{m}}\sin \omega t=\sqrt{2}I\sin \omega t$$

于是，电阻 R 上的瞬时功率应为

$$p(t)=i\times u=I_{\mathrm{m}}\times U_{\mathrm{m}}\sin^2 \omega t=2IU\sin^2 \omega t$$
$$=(IU-IU\cos 2\omega t)\geqslant 0$$

在电流与电压参考方向一致的情况下，由电阻瞬时功率的表达式 $p(t)\geqslant 0$ 可知，在交流电路中，只有在某些时刻，电阻上电流、电压才均为零，此时不存在功率消耗，即 $p(t)=0$；而在其余的时间内，电阻始终都在消耗电能，即 $p(t)>0$，因此电阻是一个"耗能"元件。图 3.17 是电阻上电流、电压与功率的波形图。

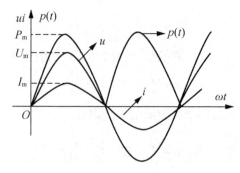

图 3.17　电阻上电压、电流与功率的波形图

由于瞬时功率是一个时间的函数，因此用它来描述电阻上的功率损耗很不方便，也没有多少实际意义。

在工程上用有功功率(P)来衡量元件消耗的功率大小。

定义：正弦交流电一个周期内在元件上消耗的平均功率称为该元件的有功功率。

根据有功功率的定义，电阻的有功功率的计算公式推导如下

$$P=\frac{1}{T}\int_0^T p\mathrm{d}t=\frac{1}{T}\int_0^T (IU-IU\cos 2\omega t)\mathrm{d}t=IU=I^2R=\frac{U^2}{R}$$

可见，电阻在一个周期内消耗的有功功率只跟电压有效值或电流有效值有关，而跟频率、相位无关。

从上面的分析可知，电阻上有功功率的计算方法与直流电路中电阻上的功率计算方法相同，不同之处在于电压或电流应采用有效值。

元件的有功功率反映了元件实际所消耗的功率，所以它具有现实意义。

特别提示

通常交流电路中负载的功率(例如电灯的功率、电机的功率、电视的功率等)指的就是有功功率。

某白炽灯的铭牌参数为"220V、60W"，试说明它们的意义。

【例3.2】 电炉的额定电压 $U_\mathrm{N}=220\mathrm{V}$，额定功率 $P_\mathrm{N}=1\,000\mathrm{W}$，在220V的交流电源下工作，求电炉的电流和电阻。使用2h，消耗的电能是多少？

解： 由于电炉可看成纯电阻负载，则

$$I_\mathrm{N}=\frac{P_\mathrm{N}}{U_\mathrm{N}}=\frac{1000}{220}\mathrm{A}=4.55\mathrm{A}$$

电炉的电阻为

$$R=\frac{U_\mathrm{N}}{I_\mathrm{N}}=\frac{220}{4.55}\Omega=48.4\Omega$$

工作2h消耗的电能为

$$W=P_N t=1000\times 2\mathrm{W}\cdot\mathrm{h}=2000\mathrm{W}\cdot\mathrm{h}=2\mathrm{kW}\cdot\mathrm{h}$$

3.2.3 实训：纯电容正弦交流电路

在图3.18所示的电路中，电阻 $R=1\Omega$，电容 $C=1\mu\mathrm{F}$，电源 $u=2\sin(2000\pi t)(\mathrm{V})$，改变电源的频率和大小，用万用表(或电压表、电流表)测量电容 C 的电压和电流值(电阻值远远小于容抗可忽略不计)。

1. 训练目的

理解电容 C 在正弦交流电路中的电压、电流关系。

掌握用万用表测交流电压、交流电流的方法。

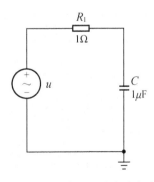

图3.18 纯电容正弦交流电路

掌握信号发生器、示波器的使用方法。

2. 任务分析

电容所"容纳的电量(q)"与电压(u)之间呈正比关系，即

$$q=Cu$$

电容器的电量与电压之间的关系称为库仑-伏特($q-u$)特性，在直角坐标系中，理想电容器的 $q-u$ 特性是一条过原点的直线，即线性关系，如图 3.19 所示，因此理想电容也称为线性电容。未经特别指出，本书中的电容一般都是指线性电容。

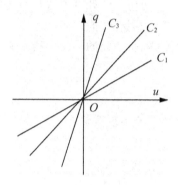

图 3.19　电容的 $q-u$ 特性

电容的伏安特性指的是电容上电压与电流的关系特性。当电容两极板间的电压发生变化时，根据电容器的特点可知，电容器上存储的电量也在发生变化，而电量的变化必定伴随着电荷的定向移动，这种定向移动就形成了电流。

下面通过电容充电的例子来讨论电容上电流与电压的关系。在图 3.20 所示的充电电路中，设在 t_1 时刻，电容上的电量为 q_1，经过 dt 时间后电容上的电量变为 q_2，即在 dt 时间内有 $dq(q_2-q_1)$ 的正电荷从负极板通过导线流向正极板。则在时间 dt 内的平均电流为

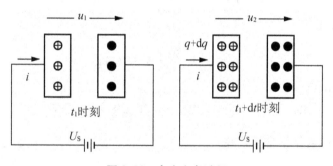

图 3.20　电容充电过程

$$i=\frac{dq}{dt}$$

由于时间 dt 很小，即 $dt\to 0$，所以上式实际上就是电流的瞬时值表达式，即

$$i=\frac{dq}{dt}=C\frac{du}{dt}$$

无论是充电还是放电，当电容上电压与电流的参考方向相关联时，电流与电压之间始

终满足上述微分关系。

由以上分析可知，当 $i>0$ 时，电容上的电量和电压都将增加，是电容充电的过程；当 $i<0$ 时，电容上的电量和电压都将减小，是电容放电的过程。

同时，在任一瞬间，通过电容器的电流的大小与该瞬间电压的变化率成正比，而与这一瞬间电压的大小无关。这一特性说明，即使电容两端电压很高，但只要不变化，电流依然为零；反之，当电压为零时，电流不一定为零。

由于电容上的电流只有在电容两端电压变化时才会产生，所以电容元件又称为"动态"元件，它所在的电路就称为动态电路。

在直流电路中，当电路达到稳定状态(即电路中的电流与电压不再发生变化时的状态)后，电容两端的电压保持不变，因而通过电容的电流为零，相当于电容所在的支路开路。可见电容在直流电路中有"隔直"作用。

而在交变电路中，由于电压处在不断变化当中，因此电容上就有不间断充电电流和放电电流存在，通常所说的"通过电容的电流"实际上指的是电容的充电电流与放电电流。

3. 任务实施

(1) 按图 3.18 连接电路，用数字万用表的电压挡测量 $U_{输入}$、U_R、U_C，及回路电流值(注意万用表的连接方式)。

(2) 改变电源的频率分别为 5kHz 和 50kHz，重新测量 R、C 的电流和电压，将数据记入表 3-2 中。

(3) 使用数字示波器测量输入波形和输出波形，$f=1$kHz。并记录输入、输出波形的相位差和有效值。示波器连接方式如图 3.21 所示。可以认为 CHI 所测得的波形即为回路电流波形。

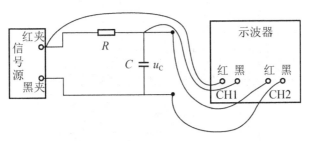

图 3.21 示波器的连接

表 3-2 用万用表及示波器测得的数据

频 率	$U_{输入}$		U_R	U_C	I
	测量值	计算值			
$f=1$kHz					
$f=5$kHz					
$f=50$kHz					

　思考

① 正弦交流电路中电容两端的电压 U_C 与电流 I 存在什么关系？它们的比值与哪些因

素有关? 当电源频率增大, 大小不变时, I 有什么变化?

② 在图 3.21 所示电路中, 满足 $U_总 = U_R + U_C$ 吗? 为什么? 试用相量的方法加以分析。

③ 通过示波器观察到的 U_C 信号与电阻电压相比, 相位滞后或超前多少?

3.2.4 纯电容正弦交流电路的特点

1. 电流与电压的关系

在正弦交流电路中, 由于电压按正弦规律变化, 因此电容上就出现了按正弦规律变化的充电电流与放电电流。

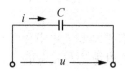

图 3.22 纯电容电路

在图 3.22 所示的电路中, 取电容两端电压与通过电容的电流参考方向相关联。设电容两端的电压的瞬时值表达式为

$$u = U_m \sin (\omega t + \varphi_u)$$

则通过电容的电流为

$$i = C \frac{du}{dt} = C \frac{d[U_m \sin (\omega t + \varphi_u)]}{dt} = \omega C U_m \cos (\omega t + \varphi_u)$$

$$= \omega C U_m \sin (\omega t + \varphi_u + \pi/2) = I_m \sin (\omega t + \varphi_i)$$

结论

通过电容的电流超前电压90°($\pi/2$), 即 $\varphi_i = \varphi_u + \dfrac{\pi}{2}$。

电压与电流之间的数量(有效值和最大值)关系为

$$I_m = \omega C U_m \quad 或 \quad I = \omega C U$$

令

$$X_C = \frac{1}{\omega C} = \frac{1}{2\pi f C}$$

则电压与电流之间的数量(有效值和最大值)关系可写成

$$I = \frac{U}{X_C} \quad 或 \quad I_m = \frac{U_m}{X_C}$$

在上式中, X_C 越大电流就越小, 反之则电流越大, 因此它体现了电容对电流的阻碍作用。X_C 称为"容抗", 容抗的单位是欧〔姆〕(Ω)。

若将电容上的电压与电流表达式写成相量形式, 则有

$$\dot{U} = U \angle \varphi_u, \quad \dot{U}_m = U_m \angle \varphi_u$$

$$\dot{I} = I \angle \varphi_i, \quad \dot{I}_m = I_m \angle \varphi_i$$

结合容抗、电流和电压之间的相位关系, 可以写出电容上电压与电流的相量关系式, 即相量欧姆定律

$$\dot{I} = \frac{\dot{U}}{-jX_C} = j \frac{\dot{U}}{X_C}$$

或

$$\dot{U} = -j\dot{I}X_C = \dot{I} \times X_C \angle (-90°)$$

你知道这里的"j"的含义是什么吗?

小知识

90°旋转因子的意义

在上式中，j是一个纯虚数，称之为"90°旋转因子"。j遵循以下运算规则
$$j \times j = j^2 = -1, \quad j = 1\angle 90° \text{ 或 } -j = 1\angle(-90°)$$

"j"在这里的几何意义如相量图3.23所示。由图2.23可知，某相量 $\dot{A}$ 乘"j"后得到的新的相量 $\dot{B} = j\dot{A}$，其大小与相量 $\dot{A}$ 相同，其方向超前 $\dot{A}$ 相量90°，即新相量就是由原相量逆时针旋转90°而得到的。

结论

电容在正弦交流电路中的特点

(1) 电容上电流与电压的频率相同；初相位不同，电流超前电压 90°（$\pi/2$）。

(2) 电容上的电压、电流（有效值或最大值）及容抗三者之间在数量上满足欧姆定律。

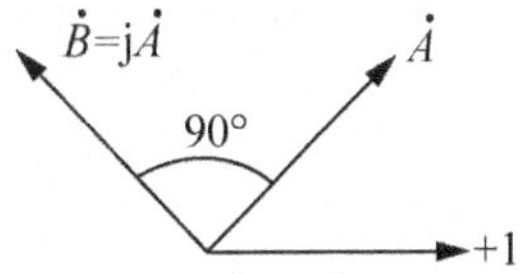

图 3.23 j 的几何意义

在引入 j 后，电流相量、电压相量与复阻抗 $-jX_C$ 三者之间也满足欧姆定律。

练习

在图 3.22 所示的纯电容正弦交流电路中以电压相量作为参考相量，试画出电容电压电流相量图。

$$\longrightarrow \dot{U}$$

【例 3.3】 把一个 $C = 38.5(\mu F)$ 的电容接到 $u = 220\sin(314t + 30°)$ 的电源上，求：

(1) 电容的容抗。

(2) 通过电容的电流瞬时值表达式、有效值和初相位。

(3) 画出电容上电压与电流的相量图和波形图。

(4) 若外加电压的大小不变，频率变为 $f = 5000(Hz)$，以上各值如何变化？

解： 先求取电流瞬时值表达式，而后求取其他各值。

(1) 电容的容抗为

$$X_C = \frac{1}{2\pi fC} = \frac{1}{\omega C} = \frac{1}{314 \times 38.5 \times 10^{-6}} \approx 80(\Omega)$$

(2) 电容上电流瞬时值表达式、最大值和初相位为

$$I_m = \frac{U_m}{X_C} = \frac{220}{80} = 2.75(A)$$

由于电容上的电流超前电压 $\pi/2$，所以电流的瞬时值表达式为

$$i = I_m \sin(314t + 30° + 90°) = 2.75\sin(314t + 120°) \quad (A)$$

电流初相为

$$\varphi_i = \varphi_u + 90° = 120°$$

(3) 电压最大值相量和电流最大值相量分别为

$$\dot{U}_m = 220\angle\varphi_u(V), \quad \dot{I}_m = 2.75\angle(\varphi_u + 90°) \quad (A)$$

电容上电压与电流的波形图和相量图如图 3.24 所示。

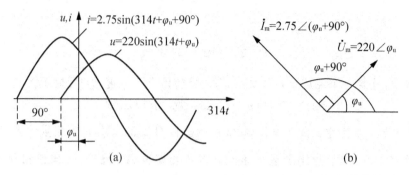

图 3.24 电容上电压、电流的波形图及相量图

(4) 若外加电压的大小不变，频率变为 $f=5000(\text{Hz})$，以上各值如何变化？

$$X_C=\frac{1}{2\pi fC}=\frac{1}{2\times3.14\times5000\times38.5\times10^{-6}}\approx0.8(\Omega)$$

$$I_\text{m}=\frac{U_\text{m}}{X_C}=220/0.8=275(\text{A})$$

$$i=I_\text{m}\sin(314t+30°+90°)=275\sin(314t+120°)\quad(\text{A})$$

电源的频率越高，在电压有效值相同的情况下电流越大，即频率越高，电容对电流的阻碍作用越小。

2. 电容的功率

1) 瞬时功率

在图 3.22 所示的电路中，设电容两端的电压为

$$u=U_\text{m}\sin\omega t\quad(\text{V})$$

则电容上电流的瞬时值为

$$i=I_\text{m}\sin(\omega t+90°)\quad(\text{A})$$

那么，电容上的瞬时功率为

$$p=u\times i=U_\text{m}\times I_\text{m}\sin\omega t\cos\omega t=UI\sin2\omega t\quad(\text{W})$$

上式表明，电容上的瞬时功率是一个 2 倍于电源频率的正弦波。根据电压、电流和功率瞬时值表达式画出它们的波形，如图 3.25 所示。由波形图或功率瞬时值表达式可以看出以下特点。

(1) 瞬时功率也是按正弦规律变化的正弦量，频率是电源频率的 2 倍。

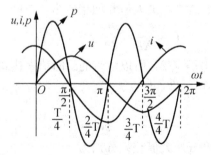

图 3.25 电压、电流与瞬时功率的波形

(2) 当电容上的电流与电压方向相同时，$p(t) > 0$，说明此时电容在吸收电能；而当电压与电流方向相反时，则 $p(t) < 0$，说明电容在释放电能。

一个电容量为 C 的电容器，当其两端的电压为 U 时，该电容存储的能量（电场能）为

$$W = \frac{1}{2}CU^2 \ (J)$$

在上式中，电容的单位为 F，电压的单位为 V，功的单位是焦［耳］J。

由于电容存储的能量与电容电压的平方成正比，而能量是不能发生"突变"的，能量的变化需要经过一定的时间积累。

特别提示

电容上的电压是不能发生"突变"的，这是电容的一个重要性质。

2）平均功率

在正弦交流电路中，电容在一个周期"消耗"的平均功率可表示为

$$P = \frac{1}{T}\int_0^T p\,\mathrm{d}t = \frac{1}{T}\int_0^T UI \sin 2\omega t\,\mathrm{d}t = 0$$

从上式中可以看出，电容器在一个周期内消耗的电能为 0。从功率的波形图 3.25 也可以看出，电容器在交流电路中不断地与电网之间发生能量交换。在第一个 $T/4$ 内 $p(t) > 0$，电容向电网吸取电能(以电场能的形式存储在电容内)，而在第二个 $T/4$ 内 $p(t) < 0$，电容将已经存储的电场能转变为电能反送给电网，如此不断地交替进行，电容器并没有"消耗"电能。

总结

电容不是一种"耗能"元件，但它具有把电能转变为电场能并且将其储存起来的能力，所以电容是一种"储能"元件。

3）无功功率

电容虽然不会消耗电能，但是它也能"吸收"电能，与电阻的不同之处在于它把吸收的电能转变成为电场能"存储"在电容内部。电容上电压(有效值)与电流(有效值)的乘积称为电容的"无功功率"，并用符号 Q_C 表示，表达式为

$$Q_C = U \times I = I^2 X_C = \frac{U^2}{c}$$

在上式中，电压的单位为 V，电流的单位为 A，容抗的单位为 Ω，无功功率的单位为"乏"，用符号 Var 表示。

无功功率并不是电容实际消耗的功率，其大小实际反映了电容与外部电路能量交换的规模。

【例 3.4】 把一个 $C = 38.5\,(\mu F)$ 的电容接到 $u = 220 \sin (314t + 30°)\,(V)$ 的电源上，求电容的无功功率 Q_C 是多少。

解：要求出电容的无功功率必须首先求出电容的容抗(或者电容上的电流)。

电容的容抗

$$X_C = \frac{1}{2\pi fC} = \frac{1}{\omega C} = \frac{1}{314 \times 38.5 \times 10^{-6}} \approx 80\,(\Omega)$$

电容的无功功率

$$Q_C = \frac{U^2}{X_C} = \frac{(0.707U_m)^2}{X_C} = \frac{(0.707 \times 220)^2}{80} = 302(\text{Var})$$

3. 电容的串并联

1) 电容的串联

将电容器首尾相连的连接方式称为电容串联。图 3.26 是 3 个电容串联的电路。很显然，电容串联具有以下一些特点。

(1) 每一个电容上的电压之和等于总电压，即

$$u = u_1 + u_2 + u_3 + \cdots = \sum u_k$$

(2) 通过电容的电流相等，即

$$i = i_1 = i_2 = i_3 = \cdots = i_n$$

(3) 几个串联电容对电容以外的电路而言，可以将其等效为一个电容，该等效电容的电容量 C 可以通过以下公式求取

$$\frac{1}{C} = \frac{1}{C_1} + \frac{1}{C_2} + \frac{1}{C_3} + \cdots = \sum \frac{1}{C_k}$$

电容串联使总电容值减小。

2) 电容的并联

图 3.27 是 3 个电容并联的电路。电容并联具有以下一些特点。

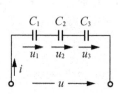

图 3.26　电容串联

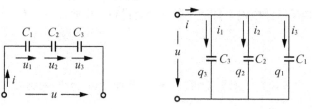

图 3.27　电容并联

(1) 总电压等于各并联电容上电压，即

$$u = u_1 = u_2 = u_3 = \cdots = \sum u_k$$

(2) 电容上存储的总电量等于各电容电量之和，即

$$q = q_1 + q_2 + q_3 + \cdots = \sum q_k$$

(3) 总电流等于各电容电流之和，即

$$i = i_1 + i_2 + i_3 + \cdots + i_n = \sum i_k$$

(4) 并联电容的等效电容等于各电容的电容量之和，即

$$C = C_1 + C_2 + C_3 + \cdots = \sum C_k$$

电容并联后总电容量增加。

 拓展阅读

电容在直流电路与交流电路中的区别

在直流电路中，由于直流电的频率 $f = 0$，因此电容在直流电路中的容抗为

$$X_C = \frac{1}{2\pi fC} = \infty$$

即电容对直流电流的阻碍作用为无穷大，这也可以用来解释电容为什么对直流电路具有"隔直"作用。

在交流电路中，由于 $f \neq 0$，因此电容的容抗为

$$X_C = \frac{1}{2\pi fC} \neq 0$$

即交流电流可以通过电容。由于电容具有这种特点，因而说电容具有"通交"作用。当然，交流电的频率越高，电容量越大，则容抗就越小，对电流的阻碍作用就越小，电流也越大。

 问题

有两个电容器，一个为 $200\mu F/400V$，另一个为 $100\mu F/200V$；现把两个电容串联起来外接 $500V$ 电压，是否安全？

3.2.5　实训：纯电感正弦交流电路

纯电感电路是由理想电感元件与交流电源连接所组成的电路，如图 3.28 所示，由于电阻值远远小于感抗，可忽略不计。

已知电感为 38mH，$u = 2\sin(2000\pi t)V$，根据表 3-3 的情况测量电感两端的电压，并得出电感的电流与电压关系。

1. 训练目的

理解电感 L 在正弦交流电路中的电压电流关系。
理解电感的感抗与电源的频率和电感量的关系。

2. 任务分析

电感器（Inductance）是将导电性能良好的金属导线绕在导磁材料上制成的骨架上构成的，若有的线圈没有安装骨架或其骨架由非磁性材料制成，这样的线圈称为空心线圈。在电路中用字母"L"表示。

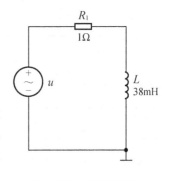

图 3.28　纯电感电路

电感量也称为自感系数，是表示电感器产生自感应能力的一个物理量。当感应电压与电流方向相关联时

$$u = L \frac{di}{dt}$$

上式反映了通过电感的电流与电感两端产生的电压之间的关系特性，称之为电感的伏安特性。

电感的伏安特性说明，在任一瞬间，电感元件两端的电压大小与该瞬间电流的变化率成正比，而与该瞬间的电流大小无关。即使电流很大，但不变化，两端的电压依然为零；反之，当电流为零时，当电压不一定为零。

由于只有通过电感的电流发生变化时，电感元件两端才会出现电压，因此电感元件也称为"动态"元件，这一点与电容元件类似。

在直流电路中，当电路稳定后，由于电流的大小是恒定的，所以电感两端产生的感应电压等于零，若忽略电感线圈本身的内阻，则电感在直流电路中相当于短路。也就是说，

在稳定的直流电路中，电感线圈相当于一条导线，对电路的变量没有任何影响，电感的这种特性称为"通直"。

3. 任务实施

(1) 按图 3.28 连接电路，调节信号发生器的频率和大小，参照表 3-3 中的频率和电流数据，用数字万用表的电压挡测量电感器上的 U_L，计算感抗 X_L，分别记入表 3-3 中。

感抗计算公式为

$$X_L = \omega L = 2\pi f L$$

表 3-3　$L = 38\text{mH}$ 测得数据

f/Hz	I/mA	U/V	X_L/Ω
420	10		
420	20		
420	30		
840	10		
1680	10		

(2) 改变电感的值，使得电感为 76mH，调节信号发生器的频率和大小，参照表 3-4 中的频率和电流数据，用数字万用表的电压挡测量电感器上的 U_L，分别记入表 3-4 中。

表 3-4　$L = 76\text{mH}$ 测得数据

f/Hz	I/mA	U/V	X_L/Ω
1680	10		
3360	20		

思考

(1) 当频率相同时，针对不同的电流值，电压有什么变化？
(2) 当频率发生变化时，针对相同的电流值，电压有什么变化？
(3) 改变电感器的电感值，对电感的感抗 X_L 有什么影响？

3.2.6　纯电感正弦交流电路的特点

1. 电流与电压的关系

在图 3.29 所示的纯电感交流电路中，设通过电感的电流为

$$i = I_m \sin(\omega t + \varphi_i) = \sqrt{2} I \sin(\omega t + \varphi_i)$$

由于电流与电压参考方向相关联，因此

$$u = L\frac{\mathrm{d}i}{\mathrm{d}t} = L\frac{\mathrm{d}\left[\sqrt{2}I\sin(\omega t + \varphi_i)\right]}{\mathrm{d}t} = \sqrt{2}L\omega I\cos(\omega t + \varphi_i)$$

$$= \sqrt{2}\,\omega L I\sin\left(\omega t + \varphi_i + \frac{\pi}{2}\right) = \sqrt{2}U\sin(\omega t + \varphi_u)$$

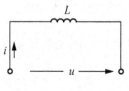
图 3.29　纯电感电路

由上式可以得到

$$\varphi_u = \varphi_i + \pi/2, \quad U = \omega L I$$

可见，电感上的电压超前电流 $90°$（或 $\pi/2$），而电压与电流的数量关系有

$$U = \omega L \times I \quad \text{或} \quad U_m = \omega L \times I_m$$

令

$$X_L = \omega L = 2\pi f L$$

则

$$I_m = \frac{U_m}{X_L} \quad \text{或} \quad I = \frac{U}{X_L}$$

在上式中，X_L 称为感抗，单位是欧［姆］（Ω），感抗的大小体现了电感元件对交流电流的阻碍作用。

结论

电感在正弦交流电路中的特点如下。

（1）电流与电压频率相同，但初相位不同，电压超前电流 $\pi/2$（$90°$）。

（2）电压、电流（有效值或最大值）及感抗三者之间在数量上满足欧姆定律。电压与电流之间的相量关系为

$$\dot{I} = \frac{\dot{U}}{jX_L} \quad \text{或} \quad \dot{I}_m = \frac{\dot{U}_m}{jX_L}$$

图 3.30 是电感上电压与电流的波形图和相量图，从图上也不难看出电压超前电流 $\pi/2$（$90°$）。

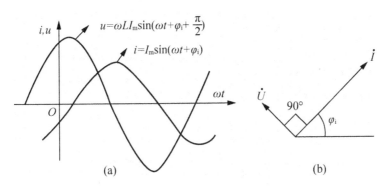

图 3.30 电感上电压、电流的波形图与相量图

练习

在图 3.29 所示的纯电感正弦交流电路中以电压相量作为参考相量，试画出电感电压电流相量图。

$$\xrightarrow{\qquad\qquad} \dot{U}$$

【例 3.5】 把一个 $L = 0.5\mathrm{H}$ 的纯电感线圈接到 $50\mathrm{Hz}$、$220\mathrm{V}$ 的正弦交流电源上，求：

（1）电感的感抗。

（2）电路中的 I、U 以及电流与电压之间的相位差。

（3）若外加电压的大小不变，将频率升高到 $f = 5000\mathrm{Hz}$，求以上各值如何变化。

解： 电感的感抗为

$$X_L = \omega L = 2\pi fL = 2 \times 3.14 \times 50 \times 0.5 = 157(\Omega)$$

电路中的电压 U 和电流 I 分别为

$$U = 220(\text{V}), \quad I = \frac{U}{X_L} = 220/157 = 1.4(\text{A})$$

根据电感元件电感上电流滞后电压90°（$\pi/2$）的特点，可知电流与电压之间的相位差为

$$\Delta\varphi = \varphi_i - \varphi_u = -90°$$

若将频率升高到 $f = 5000\,\text{Hz}$ 时，则感抗与电流分别为

$$X_L = \omega L = 2\pi fL = 2 \times 3.14 \times 5000 \times 0.5 = 15700(\Omega)$$

$$I = \frac{U}{X_L} = \frac{220}{17500} = 0.014(\text{A})$$

可见，当频率升高时，电感的感抗将上升，而电流将变小。

2. 电感的功率

1）瞬时功率

在图 3.29 所示的电路中，设通过电感线圈的正弦电流为

$$i = I_m \sin \omega t$$

则电感上电压的瞬时值表达式为

$$u = I_m X_L \sin (\omega t + 90°) = U_m \sin (\omega t + 90°)$$

电感元件的瞬时功率为

$$p = i \times u = I_m \sin \omega t \times U_m \sin (\omega t + 90°) = IU \sin 2\omega t$$

上式表明，电感上的瞬时功率是一个2倍于电源频率的正弦波。根据电压、电流和功率瞬时值表达式画出它们的波形，如图 3.31 所示。由波形图或功率瞬时值表达式可以看出以下特点。

(1) 瞬时功率也是按正弦规律变化的正弦量，频率是电源频率的两倍。

(2) 当电容上的电流与电压方向相同时，$p(t) > 0$，说明此时电容在吸收电能；而当电压与电流方向相反时，则 $p(t) < 0$，说明电容在释放电能。

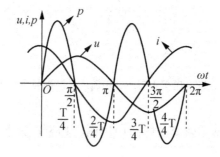

图 3.31 电流、电压和功率瞬时值的波形图

当在电感线圈中通以一定的电流 i 时，电感中存储的磁场能可表示为

$$W = \frac{1}{2}Li^2$$

电感的单位是亨［利］（H），电流的单位使用安培（A），则能量的单位用焦［耳］（J）。

由于电感存储的能量与通过电感的电流平方成正比，而能量的变化需要一定的时间积

累，因此能量不能发生"突变"。

结论

通过电感的电流是不能发生"突变"的。

2）平均功率

电感元件在一个周期内向电路（或电源）吸取的电能为

$$W=\int_{0}^{T} p\,\mathrm{d}t=\int_{0}^{T} UI\sin 2\omega t \times \mathrm{d}t=0$$

电感元件在一个周期内的平均功率为

$$P=W/T=0$$

从图 3.31 所示的功率波形图上可以看出，在一个周期的第一个 $T/4$ 内（此时电流增加），瞬时功率 $p>0$，说明电感向电路吸取电能；而在第二个 $T/4$ 内（电流减小），瞬时功率 $p<0$，说明电感向电路释放电能；以此方式不断交替进行。

电感元件在一个周期内向电路吸取的电能（或平均功率）等于零，说明电感元件在一个周期内从电路吸收的电能恰好等于向电路释放的电能，因此电感是一种"储能"元件而非"耗能"元件。

结论

电感元件也是一种"储能"元件，与电容的不同之处在于电感存储的能量是"磁场能"而非"电场能"。

在正弦交流电路中，由于通过电感线圈的电流处在不断变化当中，因此电感元件存储的"磁场能"也处在不断变化之中。

3）无功功率

电感虽然不会消耗电能，但是能"存储"电能，把电感上电压（有效值）与电流（有效值）的乘积称为电感的无功功率，并用符号 Q_{L} 表示，即

$$Q_{\mathrm{L}}=UI=I^{2} X_{\mathrm{L}}=\frac{U^{2}}{X_{\mathrm{L}}}$$

在上式中，若电压的单位伏（V），电流的单位安（A），则无功功率的单位就是乏（Var）。无功功率并不是电感实际消耗的功率，其大小反映了电感与外部电路能量交换的规模。

【例 3.6】 把一个 $L=0.5\mathrm{H}$ 的纯电感线圈接到 220V 的正弦交流电源上，当频率分别是 50Hz 和 5000Hz 时，求电感元件的无功功率各是多少。

解：当 $f=50\mathrm{Hz}$ 时

$$X_{\mathrm{L}}=2\pi fL=2\times 3.14 \times 50 \times 0.5=157(\Omega)$$

$$Q_{\mathrm{L}}=U \times I=\frac{U^{2}}{X_{\mathrm{L}}}=\frac{220^{2}}{157}=308(\mathrm{Var})$$

当 $f=5000\mathrm{Hz}$ 时

$$X_{\mathrm{L}}=2\pi fL=2\times 3.14 \times 5\,000 \times 0.5=15\,700(\Omega)$$

$$Q_{\mathrm{L}}=U \times I=\frac{U^{2}}{X_{\mathrm{L}}}=\frac{220^{2}}{15\,700}=3.08(\mathrm{Var})$$

可见，在交流电路中，电感的电感量越大，则对电流的阻碍作用就越强，其上的无功功率越小。

【例 3.7】 流过 0.1H 电感的电流为 $i=15\sin(200t+10°)(\mathrm{A})$，试求关联参考方向下

电感两端的电压 u 及无功功率、磁场能量的最大值各是多少。

解： 用相量关系求取。首先计算出电感的感抗，即

$$X_L = \omega L = 200 \times 0.1 = 20(\Omega)$$

因为

$$\dot{I}_m = 15\angle 10°(A)$$

所以

$$\dot{U}_m = jX_L \times \dot{I}_m = j20 \times 15\angle 10° = 20\angle 90° \times 15\angle 10° = 300\angle 100°V$$

则电压瞬时值表达式为

$$u = 300\sin(200t + 100°)(V)$$

电感元件上的无功功率为

$$Q_L = U \times I = \frac{15}{\sqrt{2}} \times \frac{30°}{\sqrt{2}} = 2\ 250(Var)$$

当流过电感线圈的电流达到最大值时，磁场能量最大。

$$W = \frac{1}{2}LI_m^2 = 11.25(J)$$

3.3 RLC 串联电路的分析及阻抗

3.3.1 实训：RLC 串联电路的测量

如图 3.32 所示，在一个由 R、L、C 串联组成的电路中，已知 $R = 100(\Omega)$，$L = 100$ (mH)，$C = 5(\mu F)$，输入 $u = 10\sin(2\pi ft)(V)$、$f = 50Hz$ 的正弦交流电压，用万用表分别测量各元件两端的电压及流过元件的电流。改变正弦交流电的频率，观察各元件的电压和电流变化情况。

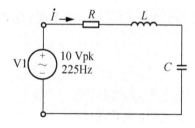

图 3.32 正弦交流电路

1. 训练目的

(1) 理解 R、L、C 基本元件在正弦交流电路中的性质。

(2) 掌握用万用表测交流电压、交流电流的方法。

(3) 掌握信号发生器、示波器的使用方法。

(4) 掌握正弦交流电路的分析方法。

2. 任务分析

在一个正弦交流电路中，测量元件的电压和电流的方法同直流电路。电路的连接可采用面包板或万能板，也可采用 Multisim 仿真，观察数据的变化并记录。

3. 任务实施

(1) 用数字万用表的电压挡，测量 U_R、U_L、U_C 分别记入表中，并记下电流表的数值。

(2) 再用数字万用表测量 $U_{输入}$，记入表 3-5 中。

（3）改变电源的频率 f，重新测量 R、L、C 的电流和电压，数据记入表 3-5 中。

表 3-5 元件的电压和电流数据

f	$U_{输入}$	I	U_R	U_L	U_C
50Hz					
100Hz					
225Hz					
300Hz					
500Hz					
1000Hz					

 思考

① $U_{输入} = U_R + U_L + U_C$ 是否成立？这一点跟直流电路有何区别？

② 频率的大小变化会引起电阻、电感、电容的电压和电流变化吗？为什么？

③ 当频率一定时，改变信号源的电压大小，电流将如何变化？

3.3.2 RLC 串联电路的电压电流关系

设在图 3.33 所示的 RLC 串联电路中，电流为 $i = I_m \sin \omega t (\mathrm{A})$，则 R、L、C 两端的电压分别为

$$u_R = U_{Rm} \sin \omega t = R I_m \sin \omega t (\mathrm{V})$$

$$u_L = U_{Lm} \sin \left(\omega t + \frac{\pi}{2} \right) = X_L I_m \sin \left(\omega t + \frac{\pi}{2} \right) (\mathrm{V})$$

$$u_C = U_{Cm} \sin \left(\omega t - \frac{\pi}{2} \right) = X_C I_m \sin \left(\omega t - \frac{\pi}{2} \right) (\mathrm{V})$$

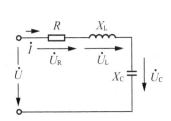

图 3.33 RLC 串联电路

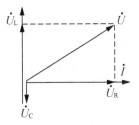

图 3.34 RLC 串联电路相量图

根据基尔霍夫电压定律，有

$$u_总 = u_R + u_L + u_C$$

 特别提示

基尔霍夫定律、欧姆定律、戴维南定理等在正弦交流电路中同样适用，并且可以用相量形式来表示。

所以

$$u_{总}=U_{Rm}\sin \omega t+U_{Lm}\sin \left(\omega t+\frac{\pi}{2}\right)+U_{Cm}\sin \left(\omega t-\frac{\pi}{2}\right)$$

由上式可知，在正弦交流电路中采用瞬时值形式进行计算，涉及到三角函数的换算，计算过程比较复杂，在电路分析中一般不采用这种方法。由于 $u_{总}$、u_R、u_L、u_C 均可以用相量的形式来表示，因此它们之间的关系可表示为

$$\dot{U}=\dot{U}_R+\dot{U}_L+\dot{U}_C$$

相量图如图 3.34 所示。

根据相量图，可得到

$$U_{总}=\sqrt{U_R^2+(U_L-U_C)^2}$$

$$\varphi=\arctan \frac{U_L-U_C}{U_R}$$

由于

$$\dot{U}_R=\dot{I}R, \ \dot{U}_L=jX_L\dot{I}, \ \dot{U}_C=-jX_C\dot{I}$$

则

$$\dot{U}=\dot{U}_R+\dot{U}_L+\dot{U}_C=\dot{I}\left[R+j(X_L-X_C)\right]$$

在上式中，$Z=R+j(X_L-X_C)$ 叫做正弦交流电路的阻抗，它的单位是 Ω。它表示电阻、电抗(电感、电容)元件对正弦交流信号的阻碍作用。

 小知识

在生产和生活中，绝大多数的负载既具有电阻的性质，又具备电抗的性质，当将它们串联组合起来时，又具备什么样的性质呢？在正弦交流电路中该如何去分析呢？

3.3.3 阻抗及其串并联

1. 阻抗的表示

设一无源二端网络，若其端口电压与端口电流的参考方向相关联，如图 3.35 所示，则其端口电压相量与电流相量的比值称为该无源二端网络的阻抗，并用符号 Z 表示。

 说明

"无源"指的是这个二端网络的内部没有电源。

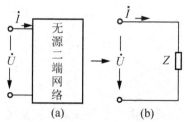

图 3.35　无源二端网络及其等效阻抗

$$Z=\frac{\dot{U}}{\dot{I}}=\frac{U\angle\varphi_u}{I\angle\varphi_i}=\frac{U}{I}\angle(\varphi_u-\varphi_i)$$

由于其端口电压和电流相量都为矢量，因而阻抗也为矢量，它可表示为

$$Z=|Z|\angle\varphi_Z=R+jX$$

其中，$|Z|$ 称为阻抗的"模"，φ_Z 则被称为阻抗角。R 称为阻抗的实数部分(简称为"实部")或电阻部分，而 X 则称为阻抗的虚数部分(简称为"虚部")或电抗部分。

阻抗两种表示形式之间的转换如下

$$|Z|=\frac{U}{I}=\sqrt{R^2+X^2}$$

$$\varphi_Z=\varphi_u-\varphi_i=\arctan\frac{X}{R}$$

在纯电阻电路、纯电容电路和纯电感电路中，都可以用阻抗来表示元件对电流的影响。

纯电阻元件的阻抗是 $Z_R=R=R\angle0°$。

纯电容元件的阻抗是 $Z_C=-jX_C=X_C\angle(-90°)$

纯电感元件的阻抗是 $Z_L=jX_L=X_L\angle90°$

2. 阻抗的串并联

1) 阻抗的串联

当有 N 个阻抗串联时，等效阻抗为

$$Z=Z_1+Z_2+Z_3+\cdots=\sum Z_i=\sum R_i+j\sum X_i=|Z|\angle\varphi_z$$

上式中

$$|Z|=\sqrt{(\sum R_i)^2+(\sum X_i)^2}$$

$$\varphi_z=\arctan\frac{\sum R_i}{\sum X_i}$$

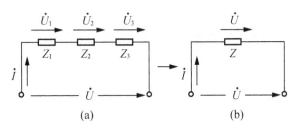

图 3.36　阻抗的串联与等效

如图 3.36 所示，(a)图中 Z_1、Z_2、Z_3 3 个阻抗串联，可等效为图(b)中的等效阻抗 Z，$Z=Z_1+Z_2+Z_3$。其他性质与电阻串联相同。

2) 阻抗的并联

当有 N 个阻抗并联时，其等效阻抗的倒数等于各分支阻抗的倒数之和，即

$$\frac{1}{Z}=\frac{1}{Z_1}+\frac{1}{Z_2}+\cdots=\sum\frac{1}{Z_N}$$

如图 3.37 所示，(a)图中的 Z_1、Z_2、Z_3 3 个阻抗并联，可等效为图(b)中的等效阻抗

Z，$\dfrac{1}{Z}=\dfrac{1}{Z_1}+\dfrac{1}{Z_2}+\dfrac{1}{Z_3}$。其他性质与电阻并联相同。

【例3.8】 在图3.38所示的电路中，已知：$R_1=1.5\text{k}\Omega$、$R_2=1.0\text{k}\Omega$、$L=1/3\text{H}$、$C=1/6\mu\text{F}$、$u_s=40\sqrt{2}\sin3000t(\text{V})$，试求电流 $\dot{I}$、$\dot{I}_L$、$\dot{I}_C$ 各为多少?

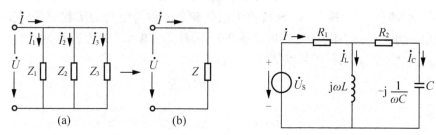

图3.37 阻抗的并联与等效　　　　图3.38 例3.8图

解：电源电压相量表达式为

$$\dot{U}_s=U_s\angle0^\circ=40\angle0^\circ(\text{V})$$

电容和电感的阻抗分别为

$$Z_C=-\text{j}X_C=-\text{j}\frac{1}{\omega C}=-\text{j}\frac{1}{3000\times(1/6)\times10^{-6}}=-2\text{j}=2\angle(-90^\circ)(\text{k}\Omega)$$

$$Z_L=\text{j}X_L=\text{j}\omega L=\text{j}(3000\times1/3)=\text{j}=1\angle-63^\circ(\text{k}\Omega)$$

R_2、C 串联后的阻抗为

$$Z_{RC}=R_2+Z_C=1.0+(-2\text{j})=1-2\text{j}=2.24\angle90^\circ(\text{k}\Omega)$$

Z_{RC}、Z_L 并联后的阻抗为

$$Z_{RCL}=\frac{Z_L\times Z_{RC}}{Z_L+Z_{RC}}=\frac{1\angle90^\circ\times2.24\angle(-63^\circ)}{\text{j}+1-2\text{j}}=\frac{2.24\angle27^\circ}{1-\text{j}}$$

$$=\frac{2.24\angle27^\circ}{1.414\angle(-45^\circ)}=1.584\angle72^\circ=(0.49+\text{j}1.51)(\text{k}\Omega)$$

电路总的阻抗为

$$Z=Z_{RCL}+R_1=0.49+\text{j}1.51+1.5=1.99+1.51\text{j}=2.5\angle37^\circ(\text{k}\Omega)$$

总电流相量为

$$\dot{I}=\frac{\dot{U}_s}{Z}=\frac{40\angle0^\circ}{2.5\angle37^\circ}=16\angle(-37^\circ)(\text{mA})$$

由分流定律写出支路电流，即

$$\dot{I}_C=\frac{Z_L}{Z_{RC}+Z_L}\times\dot{I}=\frac{1\angle90^\circ}{(\text{j}+1-2\text{j})}\times16\angle(-37^\circ)=\frac{16\angle53^\circ}{1.414\angle(-45^\circ)}=11.3\angle98^\circ(\text{mA})$$

$$\dot{I}_L=\frac{Z_{RC}}{Z_{RC}+Z_L}\times\dot{I}=\frac{2.24\angle(-63^\circ)}{(\text{j}+1-2\text{j})}\times16\angle(-37^\circ)=\frac{35.84\angle(-100^\circ)}{1.414\angle(-45^\circ)}=25.3\angle(-55^\circ)(\text{mA})$$

写出各电流瞬时值表达式，即

$$i=16\sqrt{2}\sin(3000t-37^\circ)(\text{mA})$$

$$i_C=11.3\sqrt{2}\sin(3000t+98^\circ)(\text{mA})$$

$$i_L = 25.3\sqrt{2}\sin(3000t - 55°)(\text{mA})$$

练习

一个电磁铁加上 220V 的工频交流电压时，线圈的电流在 22A 以上时才能吸紧衔铁，已知电磁铁感抗为 8Ω；试问线圈的电阻不应大于多少？（电磁铁可以看成是电阻与电感串联的负载）

3. 导纳

为了方便电路的计算，把阻抗的倒数称为导纳，并用符号 Y 来表示，即

$$Y = \frac{1}{Z}$$

在上式中，若阻抗的单位使用欧［姆］（Ω），那么导纳的单位就是西［门子］（S）。欧姆定律还可以写成以下形式

$$\dot{I} = \frac{\dot{U}}{Z} = \dot{U}Y$$

导纳与阻抗一样也是一个复数，因此导纳也可以写成以下标准形式

$$Y = G + jB = |Y| \angle \varphi_Y$$

在上式中，G 是导纳的实部，称为电导；B 是导纳的虚部，称为电纳；$|Y|$ 称为导纳的模；φ_Y 是导纳角。

图 3.39(a)所示的电路是 3 个导纳串联的电路，图 3.39(b)是它的等效电路。

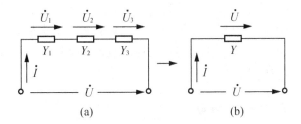

图 3.39 导纳串联电路及其等效电路

电路的总导纳与分支导纳之间的关系是

$$\frac{1}{Y} = \frac{1}{Y_1} + \frac{1}{Y_2} + \frac{1}{Y_3}$$

当有 N 个导纳串联时，电路的总导纳的倒数等于各分支导纳的倒数之和，即

$$\frac{1}{Y} = \frac{1}{Y_1} + \frac{1}{Y_2} + \cdots = \sum \frac{1}{Y_N}$$

同理，当有 N 个导纳并联时，电路的总导纳为

$$Y = Y_1 + Y_2 + \cdots = \sum Y_N$$

拓展阅读

电 路 性 质

若计算出电路等效阻抗 Z，当 $X > 0$（或 $\sin \varphi_z > 0$）时，阻抗呈电感的性质（称为感性阻抗），电路总电

流滞后总电压，该电路称为感性电路；当 $X<0$（或 $\sin\varphi_z<0$）时，阻抗呈电容的性质（称为容性阻抗），电路总电流超前总电压，电路称为容性电路；当 $X=0$（或 $\sin\varphi_z=0$）时，阻抗呈纯电阻的性质，总电流与总电压同相，这是一种很特殊的情况，电路此时工作在"谐振"状态。

在一般的工业电网和民用电网中，主要的用电设备是电阻负载和电感负载，很少有电容性负载。所以在一般情况下其等效阻抗呈现出来的性质往往是电感性的，其上的总电压超前总电流。

练习

题图是 RLC 并联电路，已知 $R=20\Omega$，$L=0.1H$，$C=50\mu F$。当信号频率 $f=1000Hz$ 时，试写出其阻抗的表达式，此时阻抗呈感性还是容性？在相应位置绘制相量图（自己选取参考相量）。

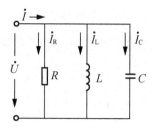

阻抗 $Z=$ _____

阻抗呈 _____ 性

3.4 交流电路中的功率

电路网络的最终目的就是进行能量的转换和输送，而在当前能源紧缺、节能减排的社会大形势下，尽可能地降低用电器的能量消耗，提高能量利用率是必须要考虑的因素。本节通过日常生活中的日光灯电路的典型案例来说明在正弦交流电路中如何考虑电路的功率消耗及如何提高能量的利用率。

3.4.1 实训：日光灯电路的功率测量

1. 训练目的

学会设计简单的交流电路。

掌握交流电路电压和功率的测量方法。

理解提高正弦交流电路中的功率因数的方法。

2. 任务实施

（1）在 Multisim 软件中，按图 3.40 连接电路，用功率表测量电路中的功率。再用电压表和电流表来测量日光灯电路的电压和电流，记录数据。

（2）在日光灯两端加上电容，重新用功率表检测交流电路的功率、电压，记录数据。测量数据记在表 3-6 中。

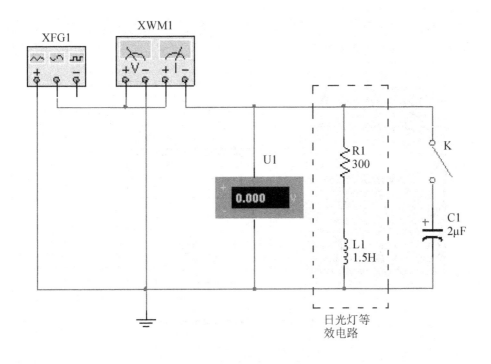

图3.40 交流电路的功率检测

表3-6 图3.40测量数据

开　关	电压 U/V	电流 I/A	功率/W	功率因数 λ
断开 K				
闭合 K				

思考

（1）当并联上电容后，交流电路的功率有何变化？为什么？

（2）交流电路的功率跟哪些因素有关？

小知识

功率表测量功率方法（功率表型号 D34—W）

D34—W 型携带式 0.5 级电动系低功率因数瓦特表如图 3.41(a)所示，主要用于直流电路中测量小功率或交流 50Hz 电路中测量功率。该表准确度等级为 0.5 级，额定功率因数 $\cos \varphi = 0.2$。电流量限低时电流量程换接片按图 3.41(b)中的实线连接，量限高时换接片按虚线连接。

测量功率时，根据测量范围，按图 3.42 将仪表接入线路内。仪表的指示值可按下式计算

$$P = C\alpha$$

式中：P 为功率，单位为瓦［特］（W）；C 为仪表常数，即刻度每格所代表的瓦特数，见表 3-7；α 为仪表偏转后指示格数。

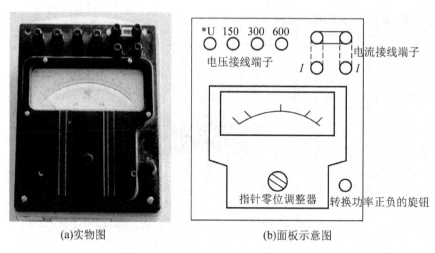

(a)实物图 (b)面板示意图

图 3.41 D34-W 型低功率因数瓦特表

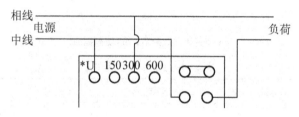

图 3.42 仪表接线示意图

使用注意事项

（1）使用时仪表应水平放置，并尽可能远离强电流导线或强磁场地点，以免使仪表产生附加误差。

（2）仪表指针如不在零位时，可利用表盖上零位调整器进行调整。

（3）测量时如遇仪表指针反方向偏转时，应改变换向开关的极性，即可使指针顺方向偏转。切忌互换电压接线，以免使仪表产生误差。

表 3-7 瓦特表每小格所代表的瓦［特］数

电压/V 电流/A	刻度每格所代表的瓦特/W											
	25	50	100	50	100	200	75	150	300	150	300	600
0.25	0.01	0.02	0.04	0.025	0.05	0.1	0.025	0.05	0.1	0.05	0.1	0.2
0.5	0.02	0.04	0.08	0.05	0.1	0.2	0.05	0.1	0.2	0.1	0.2	0.4
0.5	0.025	0.05	0.1	0.05	0.1	0.2	0.05	0.1	0.2	0.1	0.2	0.4
1	0.05	0.1	0.2	0.1	0.2	0.4	0.1	0.2	0.4	0.2	0.4	0.8

续表

刻度每格所代表的瓦特/W											
电压/V 电流/A	25	50	100	50	100	200	75	150	300	150	300	600
1	0.05	0.1	0.2	0.1	0.2	0.4	0.1	0.2	0.4	0.25	0.5	1
2	0.1	0.2	0.4	0.2	0.4	0.8	0.2	0.4	0.8	0.5	1	2
2.5	0.1	0.2	0.4	0.25	0.5	1	0.25	0.5	1	0.5	1	2
5	0.2	0.4	0.8	0.5	1	2	0.5	1	2	1	2	4
5	0.25	0.5	1	0.5	1	2	0.5	1	2	1	2	4
10	0.5	1	2	1	2	4	1	2	4	2	4	8

3.4.2 正弦交流电路中的功率

在电路网络中，电路或元件的"耗能"与"储能"是两个不同的概念，"耗能"是指电路或元件实际消耗的电能，而"储能"则是指电路或元件暂时把电能通过磁场能或电场能的形式存储起来，在一定条件下再释放给电路。

相应地，用于描述不同能量形式的功率也有"有功功率"和"无功功率"之分。

1. 有功功率、无功功率和视在功率

有功功率指的是电路网络（或网络中的所有元件）实际消耗的功率。无功功率则是指电路网络与电网能量交换的规模。

电路的有功功率为

$$P = I \times U \times \cos \varphi_Z \tag{3-1}$$

电路的无功功率则为

$$Q = I \times U \times \sin \varphi_Z \tag{3-2}$$

电路的视在功率为

$$S = IU \tag{3-3}$$

在式(3-1)和式(3-2)中，I 表示流入这个电路网络的总电流有效值，U 表示两端网络的总电压有效值，而 φ_Z 则表示总电压与总电流之间的相位差，即等效阻抗的阻抗角，通常也把它称为功率因数角。

在式(3-3)中，S 表示视在功率，它不是指电路消耗的功率（有功功率），通常反映的是各种供电设备（如发电机、变压器、电网等）的供电能力。视在功率的单位用千伏安(kVA)或伏安(VA)表示。

 小知识

变压器的额定容量是指视在功率，它等于变压额定输出电压(U_N)与额定输出电流(I_N)的乘积。实际上反映了这台变压器正常情况下的供电能力。

有功功率的计算：电路所消耗的功率就是电路中所有"耗能"元件所消耗的功率的总

和。根据有功功率意义可知，电路中所有耗能元件消耗的功率总和就是电路的有功功率。因此 $P = P_{R1} + P_{R2} + P_{R3} + \cdots = \sum P_R (P_{R1} P_{R2} P_{R3} \cdots P_{RN}$ 等均为各电阻上的功率)。

通常人们在计算家庭电器总功率时采用将各种电器的功率相加的办法来求取电路的有功功率。

2. 电压三角形和功率三角形

对于一个无源二端网络，可以把它等效为一个电阻和一个电抗串联的电路，如图 3.43 所示。

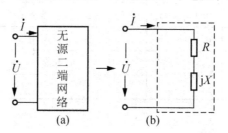

图 3.43 无源二端网络及其等效电路

根据 KVL 定律，各电压相量存在以下关系

$$\dot{U} = \dot{U}_R + \dot{U}_X$$

设电路中的电流相量为参考相量，即 $\dot{I} = I \angle 0°$，则电压相量图如图 3.44(a) 所示，图中电路呈电感性质，当然也可呈电容性质。

从电压相量图上可以看出，总电压与电阻、电抗上电压有效值之间存在以下数量关系，如图 3.44(b) 所示。

$$U^2 = U_R^2 + U_X^2$$

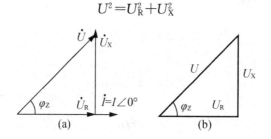

图 3.44 电压三角形

由于 $P = I \times U \times \cos \varphi_Z$，$Q = I \times U \times \sin \varphi_Z$，$S = IU$，因而电路的有功功率、无功功率和视在功率三者之间同样存在以下关系

$$S^2 = P^2 + Q^2$$

$$P = S \times \cos \varphi_Z; \quad Q = S \times \sin \varphi_Z$$

上述关系可通过一个直角三角形的 3 条边来表示，这个三角形就称为功率三角形；如图 3.45 所示。

【例 3.9】 日光灯电路参数测试如图 3.46 所示。在日光灯电路中输入频率 $f = 50\text{Hz}$ 的信号，并由仪器仪表测得 $U = 120\text{V}$、$I = 0.8\text{A}$、$P = 20\text{W}$，试求线圈的电阻 R 和电感 L 等于多少？

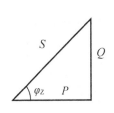

图 3.45 功率三角形

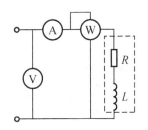

图 3.46 日光灯参数测试电路

解： 由于电路的有功功率为 20W，电流有效值为 0.8A，所以有

$$R = P/I^2 = 20/0.8^2 = 31.25(\Omega)$$

电阻上的电压有效值为

$$U_R = IR = 0.8 \times 31.25 = 25(V)$$

根据电压三角形，电感上的电压有效值为

$$U_L = \sqrt{U^2 - U_R^2} = \sqrt{120^2 - 25^2} = 117.4(V)$$

电路的感抗为

$$X_L = \frac{U_L}{I} = 117.4/0.8 = 146.7(\Omega)$$

所以电感为

$$L = \frac{X_L}{2\pi f} = 146.7/2 \times 3.14 \times 50 = 0.467(H)$$

3. 功率因数及提高方法

电网中的电力负荷如电动机、变压器、日光灯及电弧炉等，大多属于电感性负载，这些电感性的设备在运行过程中不仅需要向电力系统吸收有功功率，还会同时吸收无功功率。有功功率才是真正被用来为生产和生活服务的功率，而无功功率则不能被人们利用，因此一般总是希望无功功率越小越好。电路中的功率因数是反映电网效率高低的重要因素。电路的功率因数越大，则电网输送的有功功率就越多，输送的无功功率就越少，电网的效率就越高；反之，若电路的功率因数越低，则电网的效率就越低。

一个无源二端电路网络或一个负载元件消耗有功功率的大小不但与其上的电压、电流有效值大小有关，而且还与电压与电流的夹角的余弦（$\cos\varphi$）成正比。其中 $\cos\varphi$ 称为功率因数，用符号 λ 表示，表达式为

$$\lambda = \cos\varphi = \frac{P}{S}$$

式中，φ 称为功率因数角，即阻抗角。

功率因数体现了有功功率在视在功率中占有的比例。

【例 3.10】 某一个生活小区与一小型工厂满负荷运行时都需要消耗 100kW 的功率，但生活用电电网与工厂用电电网的功率因数不同，若生活用电电网的功率因数为 $\lambda_1 = 0.9$，而工厂电网的功率因数为 $\lambda_2 = 0.5$，计算每台变压器的容量是多少。

解： 设供电电网均为单相电网，额定电压为 220V。

生活用电变压器的容量为

$$S = \frac{P}{\lambda_1} = \frac{100 \times 10^3}{0.9} = 111111.11(VA) = 111.1111(kVA)$$

工厂电网变压器的容量为

$$S=\frac{P}{\lambda_2}=\frac{100\times10^3}{0.5}=200000(\mathrm{VA})=200(\mathrm{kVA})$$

生活用电变压器额定电流

$$I_\mathrm{N}=\frac{S}{U_\mathrm{N}}=\frac{111.11\times10^3}{220}=505.1(\mathrm{A})$$

工厂用电变压器额定电流为

$$I_\mathrm{N}=\frac{S}{U_\mathrm{N}}=\frac{200\times10^3}{220}=909.1(\mathrm{A})$$

 案例分析

由于工厂用电电网的功率因数低,采用的变压器容量比生活供电电网的变压器容量大得多;从另一角度来看就是工厂供电电网的变压器效率比生活供电电网变压器的效率要低得多。另一方面,在电压相同的情况下,变压器提供相同的功率,功率因数低则电路中的电流就大,线路中的能量损耗和电压损耗都将增大,从而造成电网供电质量下降。

结论

功率因数对电网的影响很大,提高电网的功率因数意义重大。

(1) 能提高电源设备利用率。

(2) 能降低线路的能量损耗和线路压降。

在 3.4.1 节日光灯电路的功率测量实训项目中,在日光灯等效电路两端并联上电容后,从功率表上的读数变化可以看出,对于相同的输入信号,功率因数提高了,为什么会产生这样的影响呢?

实例任务分析

图 3.47(a)所示的是一个电感性负载,它的电阻为 R,感抗为 X_L。从电路图 3.47(b)上可以看出,并上电容后电感性负载的工作状态没有发生任何变化,即电路中

$$\dot{I}=\dot{I}_1$$

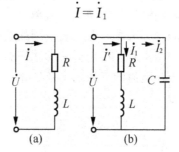

图 3.47　感性负载功率因数

图 3.48(a)是并联电容前电路的相量图,图中 φ_1 为功率因数角,其大小为

$$\varphi_1=\arctan\frac{X_\mathrm{L}}{R}$$

图 3.48(b)为并联电容后的相量图,其功率因数角发生了变化,由原来的 φ_1 变为 φ_2。可见只要电容的容量合适,就可以使功率因数角变小,功率因数变大,即

$$\varphi_2<\varphi_1、\cos\varphi_2>\cos\varphi_1$$

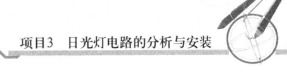

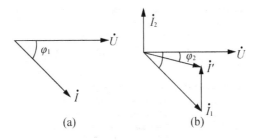

图 3.48　并联电容前后的相量图

从相量图上可以看出，并联电容后电路的总电流减小，这意味着电网向负载输送相同的有功功率时，向负载提供的电流变小，从而提高了电网的利用率。

电路的功率因数低是因为负载与电网交换的无功功率过多，并联电容后感性负载与电容之间发生了能量交换，使得与电网的能量交换减少，从而降低电网提供的无功功率，使电网得到更充分的利用。

结论

在电感性负载（或电感性电路网络）两端并联上合适的电容可以提高电路的功率因数。

对电感性电路并联电容进行无功功率补偿前后的功率因数角与电容器容量之间存在以下关系

$$C = \frac{P(\tan\varphi_1 - \tan\varphi_2)}{2\pi f U^2}$$

在上式中，P 是感性电路（或负载）吸收的有功功率；U 是负载两端的电压；φ_1 和 φ_2 分别是补偿前后的功率因数角。

国家有关部门为了提高电网经济运行的水平，充分发挥供电设备的潜力，减少线路功率损失和提高供电质量，对一般工业用户的功率因数要求不得低于 0.85 的标准，若用户功率因数低于标准，则将增收电费。

【例 3.11】 某电源 $S_N = 20\text{kVA}$，$U_N = 220\text{V}$，$f = 50\text{Hz}$，试求：

（1）电源的额定电流。

（2）若电源向功率为 40W、功率因数 $\lambda = 0.5$ 的日光灯供电，最多可点亮多少只灯？此时线路的总电流是多少。

（3）若将电路的功率因数提高到 $\lambda = 0.9$，此时线路的电流是多少？需并入多大电容？能点亮多少只灯？

解： 电源的额定电流为

$$I_N = \frac{S_N}{U_N} = \frac{20 \times 10^3}{220} = 91(\text{A})$$

设日光灯的数量为 N，则总的功率（有功功率）为

$$P = N \times 40 = S_N \times \cos\varphi = U_N \times I_N \times \lambda = 220 \times 91 \times 0.5$$

$$N = \frac{220 \times 91 \times 0.5}{40} = 250.25$$

即可以点亮 250 只日光灯，此时电路的总电流约为 91A。

功率因数提高后，电路提供的有功功率不变，电路中的总电流为

$$I = \frac{P}{U_N \times \lambda_2} = \frac{250 \times 40}{220 \times 0.9} = 50.5(\text{A})$$

可见，电源功率因数提高后，线路电流下降了很多，这就意味着电源还有能力给其他负载供电。

$$C = \frac{P(\tan\varphi_1 - \tan\varphi_2)}{2\pi fU^2} = \frac{250 \times 40 \times (\tan 60° - \tan 25.8°)}{2 \times 3.14 \times 50 \times 220^2} = 820(\mu F)$$

在上式中，$\varphi_1 = \arccos 0.5 = 60°$，$\varphi_2 = \arccos 0.9 = 25.8°$。

项 目 小 结

日光灯是最常见的家用电器，接入单相正弦交流电路中。日光灯由灯管、镇流器、启辉器等组成，灯管相当于电阻元件，与灯管串联的镇流器相当于电感。日光灯接入交流电中需要注意相线(火线)与零线的连接。本项目中涵盖的知识点如下。

1. 三要素是表征正弦交流电变化特点的物理量，它们决定了正弦交流电的变化范围(A_m)、变化的速度(f)和变化时的初始状态(φ_0)。

2. 在电子电路中相位差和有效值都有非常重要的意义，相位差是用于描述同频率的正弦交流电变化"步调"差异的物理量；正弦交流电量的有效值等于其最大值的$1/\sqrt{2}$。

3. 通过电阻的电流与电阻两端的电压相位相同；电流、电压和电阻三者之间(瞬时值、有效值、最大值)满足欧姆定律。电阻上有功功率的计算方法与直流电路中电阻功率的计算方法相同。

4. 电容上的电流相位超前电压相位90°；电流、电压和电容的容抗三者之间的量值(有效值或最大值)满足欧姆定律。在电路中电容具有"隔直通交"作用，消耗的有功功率为零，但电容与电网之间存在能量交换，这种与电网间能量交换的规模用无功功率来衡量。

5. 电感上电压相位超前电流相位90°；电压、电流和电感的感抗三者之间的量值(有效值或最大值)满足欧姆定律。电感具有"通直阻交"的作用，它的有功功率为零，用无功功率来衡量与电网间能量交换的规模。

6. 几个阻抗串联时，其等效阻抗等于各串联阻抗的代数和；而几个阻抗并联时，其等效阻抗的倒数等于各并联阻抗倒数的代数和。

7. 正弦交流电路的功率有有功功率和无功功率之分；有功功率是指电路实际消耗的功率，而无功功率则是指电路与电网之间不断交换的这部分功率；无功功率过大将导致电网的利用率下降。

8. 功率因数是电路的一个重要参数，它是表征电路或负载有功功率在视在功率中占有的比例的物理量；通常应使电路或负载的功率因数尽可能高，这样才能最大限度地发挥电网传输能量的效率。

思考题与习题

3.1 超前、滞后和同相是什么意思？在图 3.49 中，电压 $u_1(t)$ 和 $u_2(t)$ 哪个超前？哪个滞后？对于不同频率的正弦交流电，是否也存在这些概念？为什么？

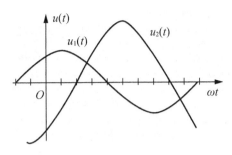

图 3.49 题 3.1 图

3.2 家用电器一般采用正弦交流电供电，家用电器铭牌上的额定电压"220V"指的是什么值？

3.3 用交流电压表测得某一交流电路的电压为 220V，求此交流电压的最大值是多少。

3.4 已知 $i = 1.5\cos(1000\pi t - 60°)$A，$u = 120\sin(1000\pi t + 240°)$V，求 i 比 u 超前或滞后多少角度？

3.5 已知一正弦交流电流 $i = 5\sin(\omega t - 30°)$A，$f = 50$Hz，问在 $t = 0.1$s 时电流的瞬时值为多少？

3.6 一个工频正弦电压的振幅（最大值）为 311V，在 $t = 0$ 时的值为 -155.5V，试求它的三要素和瞬时值表达式。

3.7 3 个同频率的正弦交流电流 i_1、i_2、i_3 的最大值分别是 1A、2A、3A。若 i_1 比 i_2 超前 30°，而较 i_3 滞后 150°，试以 i_3 为参考正弦量（注意：以某一正弦交流量为参考正弦交流量的意思是该正弦交流量的初相位可任意设定，为了分析方便，一般设该正弦量的初相位为"零"较妥）：

(1) 写出 3 个电流瞬时值表达式。

(2) 画出 i_1、i_2、i_3 的波形图。

3.8 在某一电路中，电源电压为 $u = 10\sin\omega t$（V），在此电源上接一个 $R = 2\Omega$ 的电阻，试求：

(1) 通过电阻的电流的瞬时值表达式。

(2) 若用电流表测量电阻上的电流，电流表的读数是多少？

(3) 电路消耗了多少功率？

(4) 若电源频率增大 1 倍，电阻上的电流与功率将发生什么变化？

3.9 在图 3.50 所示的电路中，已知灯泡 XD1 的铭牌参数为"220V，100W"，灯泡 XD2 的铭牌参数为"220V，60W"，现把这两只灯接在 110V 的正弦交流电源上，求：

(1) 电路中的总电流有效值。

(2) 通过灯泡 XD1 的电流有效值和灯泡 XD1 消耗的功率。

(3) 通过灯泡 XD2 的电流有效值和灯泡 XD2 的消耗的功率。

3.10 将图 3.50 中的两只灯泡串联后接入 110V 交流电源上，电路消耗的总功率是多少？

3.11 某电容 $C = 8\mu F$，接到电压 220V、频率 50Hz 的电源上，求电路中的电流及无功功率并写出电流瞬时值表达式(以电压作为参考量)。

3.12 有一个纯电感元件，其电感量为 $L=0.5$H，现把它接入频率为 $f=50$Hz，$U=220$V 的正弦交流电网中，求通过电感的电流有效值、电感的无功功率和电流瞬时值表达式并画出电压、电流的相量图。(设以电压相量作为参考相量。)

3.13 在 RC 串联电路(图 3.51)中，已知 $R=2$kΩ，$C=0.01\mu$F，输入信号电压的有效值为 $U_1=1$V，频率 $f=5000$Hz，试求输出电压 U_2 及它与输入电压的相位差。

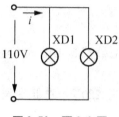

图 3.50 题 3.9 图

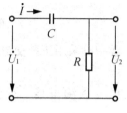

图 3.51 题 3.13 图

3.14 在 RL 串联电路(图 3.52)中，已知电压表的读数都是 $V_1=20$V、$V_2=30$V，试求电压表 V 的读数是多少?

3.15 在图 3.53 的 RC 串联电路中，已知电压表 $V_1=50$V、$V_2=50$V，试求电压表 V 的读数是多少。

3.16 在 RLC 串联电路中，电压 $u=100\sqrt{2}\sin(314t+30°)$V，已知 $R=16\Omega$，$X_L=4\Omega$，$X_C=16\Omega$。求电路的阻抗 Z，电流 I 和电压 U_R、U_L、U_C，并绘制相量图。

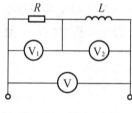

图 3.52 题 3.14 图

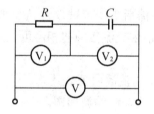

图 3.53 题 3.15 图

3.17 电路图如图 3.54 所示。已知 $R=50\Omega$，$L=2.5$mH，$C=5\mu$F，$\dot{U}=10\angle0°$V，角频率 $\omega=10$rad/s。求取电流 I_R、I_C、I_L 和 I，并画出相量图。

3.18 在图 3.55 所示的电路中，端口电压 $u=100\sqrt{2}\sin\omega t$(V)，已知 $R_1=X_L$，$R_2=X_C$，求 $\dot{U}_{ab}$。

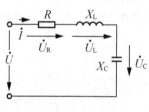

图 3.54 题 3.17 图

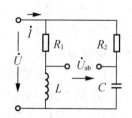

图 3.55 题 3.18 图

3.19 在图 3.56 所示的电路中，外加电压的频率为 50Hz，用电设备的功率因数 $\lambda=$

0.8，有功功率 $P_2 = 5\text{kW}$，用电设备的端电压 $U_2 = 220\text{V}$，线路阻抗 $Z_1 = (1.2 + \text{j}1.8)\Omega$，试求：

（1）用电设备的电阻与电感。

（2）电源的端电压 U。

（3）电源发出的有功功率、无功功率及电路的功率因数。

3.20　在图 3.57 所示的电路中，$R = 20\Omega$，电路所消耗的功率 $P = 2000\text{W}$，无功功率 $Q = 1500\text{Var}$，电源的频率为 50Hz，试求

（1）电路中的电流和电压有效值。

（2）电感的电感量 L。

（3）电路的功率因数 λ。

（4）以电流为参考量写出电流与电压瞬时值表达式。

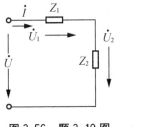　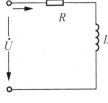

图 3.56　题 3.19 图　　　　图 3.57　题 3.20 图

3.21　日光灯电源电压为 220V，频率为 50Hz，灯管相当于 300Ω 的电阻，与灯管串联的镇流器的感抗为 400Ω（电阻忽略不计），试求日光灯的有功功率、无功功率和功率因数分别是多少。

项目4

收音机电路

知识目标	理解谐振的基本概念 了解品质因数的意义及其对频率选择的影响 熟练掌握串联谐振与并联谐振的条件与特点
能力目标	会正确使用万用表测量谐振电路中的电压和电流 熟悉信号发生器和示波器的使用 能够正确分析谐振现象及应用 能读懂电路图，会安装谐振电路

引例

收音机在现代社会的日常生活中到处可见。在手机、汽车、电视等电子设备中几乎都有收音机的功能。收音机是由机械、电子、磁铁等构造而成，用电能将电波信号转换为声音，收听广播电台发射的电波信号，又名无线电、广播等，实物图如图4.1所示。

由于科技的进步，世界上有许许多多的无线电台、电视台以及各种无线通信设备，它们不断地向空中发射各种频率的电磁波，这些电磁波弥漫在我们的周围。如果不加选择地把这些电波全都接收下来，那必然是一片混乱的信号。所以，为了设法选择所需要的节目，接收电磁波后首先要从诸多的信号中把需要的信号选择出来，这就要设法使需要的电磁波在接收天线中引起的感应电流最强，这时就需要一个选择性电路把所需的信号(电台)挑选出来，并把不要的信号"滤掉"，以免产生干扰，这就是人们收听广播时，所使用的"选台"按钮。在无线电技术里，称之为谐振电路，如图4.2所示。如何制作简易的收音机接收电路，是本项目的研究重点。

图4.1 收音机实物图

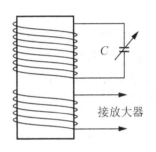

图4.2 收音机选频电路图

4.1 谐 振 电 路

在具有电阻 R、电感 L 和电容 C 元件的交流电路中，电路两端的电压与其电流的相位一般是不同的。如果我们调节电路元件(L 或 C)的参数或电源频率，可以使它们同相，整个电路呈现纯电阻性，电路达到的这种状态称之为谐振。

我们常用的录音机、复读机等电子产品中的LC振荡电路即是谐振电路。

4.1.1 实训：串联谐振的测量及信号观察

Multisim 仿真。在图4.3所示的RLC串联回路中，电源为 $u=10\sin(2\pi ft)(\mathrm{V})$，$f=50\mathrm{Hz}$ 的正弦波信号，由信号发生器提供，灯泡的标称值为"10V、1W"，它两端的电压作为整个电路的输出电压。改变电源的频率，并保持信号源的大小不变，用数字万用表测量 R、L、C 两端的电压及电路中的电流大小，并记录电压和电流值。用示波器观察输入电压和输出电压的相位差，判断不同的电源频率下的电路性质。

1. 训练目的

学习用波特图测试仪测量RLC串联电路的幅频特性曲线。

加深对电路发生谐振的条件、特点的理解。

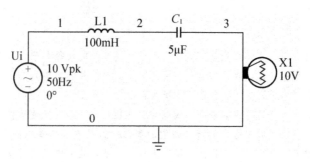

图 4.3　RLC 串联电路

2. 任务分析

在图 4.3 所示的电路中，由于电容和电感元件在交流电路中的阻抗会随着电源频率的变化而发生相应的变化，从而改变了电路的电流大小，引起灯泡的功率发生变化。灯泡的亮暗程度由其功率来决定，当电源频率发生变化时，灯泡的亮度也在发生变化。

3. 任务实施

(1) 按图 4.3 所示连接电路。

(2) 用数字万用表测量 $U_{输入}$、U_R、U_L、U_C、I 的值，并把测量的值记入表 4-1。

(3) 改变电源的频率 f(表 4-1)，重新测量 R、L、C 的电流和电压，在表 4-1 中记录测量的数据。

表 4-1　图 4.3 电路测得数据

f	$U_{输入}$	I	U_R	U_L	U_C	判断电路性质
50Hz						
100Hz						
227Hz						
300Hz						
500Hz						
1000Hz						

(4) 当 $f=227\text{Hz}$ 时，用示波器观察灯泡的两端电压和输入电压的波形，它们相位差为多少？

(5) 利用波特图测试仪观察该电路的幅频特性曲线，连接电路如图 4.4 所示。打开仿真开关，双击波特图测试仪，面板上各项参数设置如图 4.5 所示。

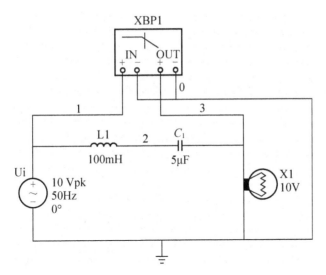

图 4.4 波特图测试仪连接图

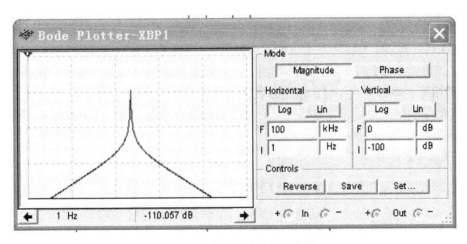

图 4.5 波特图测试仪属性设置

思考

① 该仿真中，当电源的频率在增大时，灯泡的亮度有何变化？

② 随着信号源频率的变化，电路的 U_R、U_L、U_C、I 有何变化？

③ 当 $f = 227\text{Hz}$ 时，电路中的电流 I 和灯泡的电压达到最大值，为什么？

4.1.2 串联谐振

电阻、电感和电容串联的电路称为 RLC 串联电路，这种电路产生的谐振称为串联谐振。

在电子和通信技术中，利用串联谐振这一特性，可以把接收的微弱信号变为很强的信号。例如收音机的选台电路就是利用这个原理设计的，通过调谐，使收音机的固有频率与要接收的信号产生谐振，从而使信号在电路中产生强烈的响应。

在电力电路中，则应该尽量避免线路谐振。一旦发生谐振，有可能使用电设备上的实际电压远远超过其额定电压而导致设备受损。

1. 串联谐振的条件

图 4.6 所示电路为 RLC 串联电路。电路的等效阻抗为

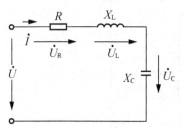

图 4.6　RLC 串联电路

$$Z = R + j(X_L - X_C) = R + j\left(\omega L - \frac{1}{\omega C}\right)$$

根据谐振的一般条件，即阻抗呈现纯电阻性质，可得

$$X = X_L - X_C = 0 \quad 即 \quad \omega L - \frac{1}{\omega C} = 0$$

得到串联谐振条件为

$$\omega_0 = \frac{1}{\sqrt{LC}} 或 f_0 = \frac{1}{2\pi\sqrt{LC}}$$

可见 ω_0 和 f_0 完全由电路的参数 L、C 决定，所以 ω_0 和 f_0 被称为谐振的固有角频率和固有频率。

结论

使 RLC 电路发生谐振的方法有如下两种。

(1) 当电路的参数(R、L、C)不变时，改变电路的激励源(电源)频率，使其与电路的谐振频率相等，即当 $f = f_0$ 时，电路即发生谐振；

(2) 电源频率不变，改变电感线圈的电感或电容器的电容量，当电路固有谐振频率等于电源频率时，电路即发生谐振。

2. 串联谐振的特点

当电路的固有谐振频率与激励源频率相等时，电路发生谐振。电路谐振时有以下一些特点。

(1) 电路的阻抗最小，且呈纯电阻性质。即

$$Z = R + j(X_L - X_C) = R$$

(2) 谐振时电流与电压的相位相同，由于阻抗最小，所以电流达到最大值，即

$$\dot{I} = \frac{\dot{U}}{R} = \frac{U}{R}\angle\varphi_u$$

(3) 串联谐振时，电感与电容上电压相量大小相等方向相反，即

$$\dot{U}_L = -\dot{U}_C \quad 即 \quad \dot{I}X_L = -\dot{I}\times(-jX_C) = \dot{I}\times jX_C$$

(4) 电阻上电压等于总电压。即

$$\dot{U}_R = \dot{U} = \dot{I}\times Z = \dot{I}\times R$$

(5) 电感和电容上电压有可能远大于电路的总电压。

若

$$X_L(X_C) \gg R$$

则
$$U_L(U_C) \gg U_R = U$$

图 4.7 是 RLC 电路谐振时的相量图（以电流为参考相量）。

3.串联谐振电路的品质因数

RLC 串联电路发生谐振时，电感或电容上电压有可能远大于线路的总电压，这是串联谐振的一个重要的特点。把电感(或电容)上电压大小与总电压大小的比值称为电路的品质因数，并用符号 Q 来表示，即

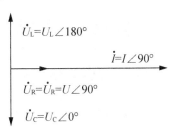

图 4.7 RLC 串联谐振相量图

$$Q = \frac{U_L}{U} = \frac{I \times X_L}{I \times R} = \frac{\omega_0 \times L}{R} \quad \text{或} \quad Q = \frac{U_C}{U} = \frac{I \times X_C}{I \times R} = \frac{1}{\omega_0 RC}$$

品质因数 Q(注意与无功功率 Q 不要混淆)由电路网络的 R、L、C 决定。在电子电路中，Q 值一般在 $10 \sim 500$ 之间。由于 Q 值体现了谐振时电感或电容上电压的大小(与总电压相比)，因此串联谐振又称为电压谐振。

【例 4.1】 图 4.8(a)为收音机选频电路示意图，电路中线圈电阻为 10Ω，电感为 0.26mH，当电容调到 2386pF 时，与某电台的广播信号发生串联谐振，试求

(1) 电路的固有谐振频率；

(2) 电路的品质因数；

(3) 若信号输入为 $10\mu\text{V}$，求电路中电流与电感的端电压；

(4) 某电台的频率是 960kHz，若它也在该电路中感应出 $10\mu\text{V}$ 电压，则电感两端该频率的电压是多少？

解： 图 4.8(b)是选频电路的等效电路，其中 e_1、e_2、$\cdots$、e_n 等是线圈感应到的不同频率和强度的无线电信号。这些信号由于频率不同，因而在电路中引起的响应也不同，其中与电路的谐振频率相同的信号引起的响应最为强烈。

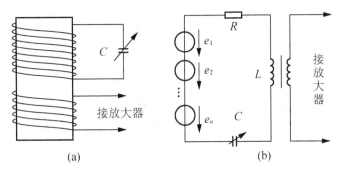

(a)　　　　　　　　　　　　(b)

图 4.8 收音机选频电路示意图

(1) 谐振频率
$$f_0 = \frac{1}{2\pi\sqrt{LC}} = \frac{1}{2\pi\sqrt{0.26 \times 10^{-6} \times 2386 \times 10^{-12}}} = 640(\text{kHz})$$

即，频率为 640kHz 的无线电信号在电路中将产生谐振。

(2) 品质因数
$$Q = \frac{\omega_0 \times L}{R} = \frac{2\pi \times 640 \times 10^3 \times 0.26 \times 10^{-3}}{10} = 105$$

（3）当 640kHz，10 μV 的信号与电路发生谐振时，电流与电压分别为

$$I = I_0 = \frac{U_s}{R} = \frac{10}{10} = 1(\mu A)$$

$$U_L = Q \times U = 105 \times 10 = 1050(\mu V)$$

（4）由于频率为 960kHz 的信号不会在线路中产生谐振，因此电路对该信号的阻抗为

$$Z = \sqrt{R^2 + (X_L - X_C)^2} \approx 870(\Omega)$$

该信号在电路引起的电流与电压分别为

$$I = \frac{U_s}{Z} = \frac{10}{870} = 0.0115(\mu A)$$

$$U_L = I \times X_L = 0.0115 \times 10^{-6} \times 2 \times \pi \times 960 \times 10^3 \times 0.2 \times 10^{-3} = 18(\mu V)$$

通过以上计算可知，与电路固有谐振频率(640kHz)相同的信号在电路中引起的电流最大、电感两端的电压最高(即发生了谐振)，而其他与电路没有发生谐振的信号(例如960kHz)，由于受到抑制，在电路中引起的响应很小。

特别提示

上述收音机谐振电路具有把与电路固有频率相同的信号从众多的不同频率的信号中"挑选"出来的作用，故称它为"选频"电路。

4.1.3　并联谐振

电感和电容并联的电路称为 LC 并联电路，这种电路产生的谐振称为并联谐振。

1. 并联谐振的条件

由于电感线圈存在一定的电阻，因此 LC 并联后的等效电路可画成如图 4.9 所示的电路。

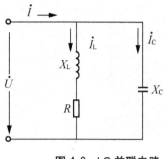

图 4.9　LC 并联电路

LC 并联电路的总等效导纳为

$$Y = Y_{RL} + Y_C = \frac{1}{R + j\omega L} + j\omega C$$

$$= \frac{R}{R^2 + (\omega L)^2} + j\left[\omega C - \frac{\omega L}{R^2 + (\omega L)^2}\right]$$

电路谐振时阻抗呈纯电阻性质，则电导的"虚部"应当为零，即

$$\omega C - \frac{\omega L}{R^2 + (\omega L)^2} = 0 \qquad (4-1)$$

于是得到并联谐振条件为

$$\omega_0 = \sqrt{\frac{1}{LC} - \left(\frac{R}{L}\right)^2}$$

在一般情况下，线圈的电阻 R 很小，可以忽略不计，则式(4-1)可写成

$$\omega C - \frac{1}{\omega L} \approx 0$$

于是 LC 并联电路固有的谐振频率可写成以下形式

$$\omega_0 \approx \frac{1}{\sqrt{LC}} \quad \text{或} \quad f_0 \approx \frac{1}{2\pi \sqrt{LC}}$$

可见，并联谐振的条件与串联谐振的条件基本相同，即用相同的电感与电容接成并联或串联谐振电路时，其谐振频率几乎相同。

2. 并联谐振的特点

根据前面的分析，可以总结出并联谐振电路有以下一些特点。

（1）电路的导纳最小，但阻抗最大，且呈纯电阻性质，即

$$Z = \frac{1}{Y} = \frac{R^2 + \omega^2 L^2}{R} \approx \frac{(\omega L)^2}{R}$$

（2）谐振时电流与电压的相位相同，由于阻抗最大，故总电流最小，即

$$I = \frac{U}{|Z|} = \frac{U}{[(R^2 + \omega^2 L^2)/R]} \approx \frac{UR}{(\omega_0 L)^2}$$

（3）电路谐振时，电感、电容上电流大小近似相等，相位近似相反，即

$$\dot{I}_L = \frac{\dot{U}}{R + jX_L} \approx \frac{\dot{U}}{jX_L} \approx \frac{\dot{U}}{jX_C} = -\dot{I}_C$$

（4）电感和电容上电流有可能远大于电路的总电流，把电感支路电流 I_L（或电容支路电流 I_C）与总电流 I 的比值称为并联谐振电路的品质因数 Q，即

$$Q = \frac{I_L}{I} = (U/\omega_0 L)/(U/|Z|) = \frac{(\omega_0 L)^2/R}{\omega_0 L} = \frac{\omega_0 L}{R}$$

在一般情况下有 $R \ll \omega_0 L$，所以通过电感或电容的电流远大于电路的总电流。品质因数是 LC 并联电路的一个重要特性，一般 Q 在几十至几百之间。并联电路谐振时，分支电流远大于总电流，因此并联谐振也称为电流谐振。

【例 4.2】　在收音机中频放大器中，利用并联谐振电路对 465kHz 的信号进行选频，如图 4.10 所示，设线圈电阻为 5Ω，电感为 150μH，谐振时电路的总电流为 1mA；试求

（1）电容器的电容量应选多少？

（2）谐振时电路的阻抗；

（3）电路的品质因数；

（4）电感、电容中的电流是多少？

解： 选择 465kHz 的信号在电路中引起谐振，必须使电路的固有频率 $f_0 = 465\text{kHz}$，则谐振时的感抗为

$$X_L = \omega_0 L = 2\pi f_0 L = 2\pi \times 465 \times 10^3 \times 150 \times 10^{-6} = 438(\Omega)$$

由于 $X_L = 438\Omega \gg R = 5\Omega$（线圈电阻），根据谐振的特点有

$$\omega C \approx \frac{1}{\omega L}$$

得电容应为

$$C = \frac{1}{\omega_0^2 \times L} = \frac{1}{(2\pi f_0)^2 L} = 780(\text{pF})$$

谐振阻抗为

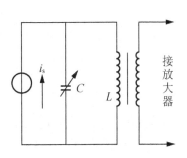

图 4.10　并联谐振电路

$$Z \approx \frac{(\omega_0 L)^2}{R} = 38.4(\text{k}\Omega)$$

电路的品质因数为

$$Q = \frac{\omega_0 L}{R} = 88$$

电感及电容中的电流为

$$I_L = I_C = Q \times I = 88 \times 1 = 88(\text{mA})$$

4.2 超外差式收音机电路

超外差式收音机能把接收到的频率不同的电台信号都变成固定的中频信号(465kHz)，再由放大器对这个固定的中频信号进行放大，其工作原理方框图如图 4.11 所示。

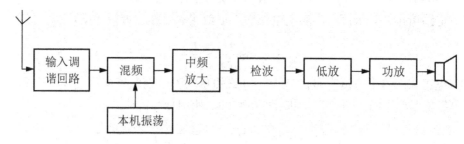

图 4.11 超外差式收音机工作原理方框图

天线接收高频广播信号，输入调谐回路，选择出要接收的广播信号后，由变频级将高频信号变成频率较低的固定的中频信号，然后由两级中频放大电路放大该信号，再经检波电路滤除中频信号，检出音频信号，最后经电压放大和功率放大送至喇叭发声。图 4.12 所示是一种超外差式收音机电路板，该收音机天线是磁性天线，即由线圈套在磁棒上构成的天线。收音机电路复杂，下面仅为大家简单介绍调谐回路及其原理。

图 4.12 超外差式收音机电路

调谐回路原理图如图 4.13(a)所示，由可变电容 C_1、C_{1b} 和天线线圈 L_1 组成，构成一个并联谐振电路，L_1 是磁性天线线圈。调节可变电容 C_{1b} 可改变 LC 电路固有频率使之等于电台频率，产生谐振，就能收到不同频率的电台信号，再耦合到下一级变频级。

本机振荡电路，它的任务是产生一个比输入信号频率高 465kHz(中频)的等幅高频振荡信号，图 4.13(b)中元件 L_2、C_2、C_{1a} 组成本机振荡电路。可使用双联可变电容同轴同步调谐回路和本机振荡频率，使它们频率差保持不变，图 4.13 中的元件 C_{1b} 和 C_{1a} 即双联电容的两联。

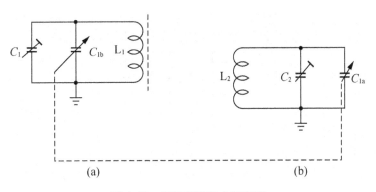

图 4.13　调谐回路和本振电路

双联可变电容器如图 4.12 所示，两只可变电容器，共用一个旋转轴。

如果你感兴趣可以买来收音机套件，自己安装和调试一台收音机用！

项 目 小 结

收音机选频网络（选台）、本振电路等实际都是谐振电路，谐振在电子和通信技术中应用较多。本项目中知识点包括如下内容。

1. 谐振是电路的一种特殊的工作状态，只有当电路满足谐振条件时谐振才会发生，同学们必须清楚谐振产生的条件和谐振时电路的特点。

2. 品质因数是一个重要的物理量，它反映了谐振时电路的基本特性。

3. 在电子电路中，通常利用谐振原理对信号进行"选频"；而在电力电路中若电路产生谐振则将对电气设备产生破坏作用，应当尽量避免谐振。

思考题与习题

4.1　什么叫串联谐振？串联谐振时电路有何重要特征？试说明晶体管收音机利用调谐回路选择电台的原理以及调谐方法。

4.2　串联谐振的品质因数 Q 值具有什么意义？

4.3　某 RLC 串联电路处于谐振状态，如果改变电路参数 R、L 或 C 的数值，问电路的性质是否改变？为什么？

4.4　什么是并联谐振？电路发生谐振时的特征是什么？

4.5　测量品质因数 Q 的原理电路如图 4.14 所示，其中高频振荡电源的频率一般是可以调节的。在进行测量时，电源电压 U 保持一定数值，若将被测线圈接到 1、2 两端，调节可变标准电容 C_S，使与 C_S 并联的电压表的读数为最大，从而就可以测出线圈的 Q 值。试说明它的测量原理。如果已知频率 f 及电容 C_S 的数值，试写出被测电感 L_X 的计算公式。

4.6 在电阻、电感与电容串联谐振电路中，已知输入电压 $U=5\text{V}$，$R=10\Omega$，$L=0.13\text{mA}$，$C=558\text{pF}$，试求电路在谐振时的电流、品质因数及电感和电容上的电压。

4.7 在图 4.15 所示的并联谐振电路中，已知谐振角频率 $\omega_0=5\times10^6\text{rad/s}$，品质因数，$Q=100$ 谐振时阻抗 $Z=2\text{k}\Omega$，试求 R、L、C 各为多少？

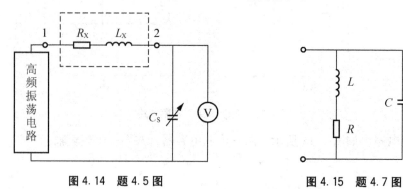

图 4.14　题 4.5 图　　　　　　　图 4.15　题 4.7 图

4.8 在图 4.16 所示的电路中，已知电路谐振时，电流表 A1、A2 的读数分别为 12A、10A，求表 A 的读数是多少？

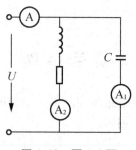

图 4.16　题 4.8 图

项目 5

变压器的使用

知识目标	了解互感的基本概念 了解变压器的概念及其工作原理 理解同名端的概念 掌握变压器进行电压变换、电流变换、阻抗变换时的比例关系 掌握变压器的应用
能力目标	能够根据实际需求选择合适的变压器 会正确接入变压器 能描述常用变压器的结构特点和使用注意事项

引例

变压器在日常生活中随处可见，因为在实际使用中，我们常常需要不同电压的交流电，各种电子装备都会用到变压器，如图5.1(a)所示的电源适配器、图5.1(b)所示的笔记本电脑电源线、图5.1(c)所示的电力变压器等。

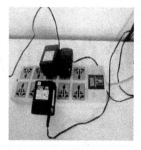
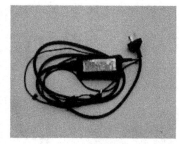

(a)电源适配器　　　　　(b)笔记本电脑电源线　　　　　(c)电力变压器

图 5.1　常用变压器图片

在设计制作电子产品时，如何利用变压器提供电路需要的交流电压？变压器在电路中如何安装？下面来学习变压器。

5.1　变压器基础知识

变压器是利用电磁感应原理制成的电气设备，其他利用电磁感应原理制成的常用电器设备如图5.2所示，其中(a)图为动圈式话筒，(b)图为汽车车速表，(c)图为电磁炉。

(a)动圈式话筒　　　　　(b)汽车车速表　　　　　(c)电磁炉

图 5.2　电磁感应应用设备

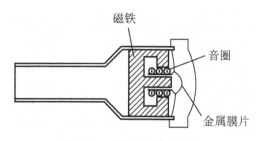

图 5.3　动圈式话筒原理图

下面以动圈式话筒为例，了解电磁感应。图5.3是动圈式话筒原理图，它利用电磁感应现象将声音转变为电信号。当声波使金属膜片振动时，连接在膜片上的线圈(叫做音圈)随着一起振动，音圈在永久磁铁的磁场里振动，其中就产生感应电流(电信号)，感应电流的大小和方向都变化，变化的振幅和频率由声波决定，这个信号电流经扩音器放大后传给扬声器，从扬声器中就发出放大的声音。

5.1.1 互感及互感电压

1. 电磁感应的基本知识

由于磁通变化而在导体或线圈中产生感应电动势的现象，称为电磁感应。

由电磁感应产生的电动势称为感应电动势。

由感应电动势产生的电流称为感应电流。

线圈中感应电动势的大小与通过同一线圈的磁通变化率（即变化快慢）成正比。这一规律被称为法拉第电磁感应定律，即

$$e = -N \frac{\Delta \Phi}{\Delta t} \qquad (5-1)$$

式(5-1)中，e 为在 Δt 时间内产生的感应电动势，单位为伏［特］（V）；N 为线圈的匝数；$\Delta \Phi$ 为线圈中磁通的变化量，单位为韦［伯］（Wb）；Δt 为磁通变化 $\Delta \Phi$ 所需要的时间，单位为秒（s）。

由式(5-1)可以看出，线圈中感应电动势的大小，与线圈的匝数和线圈中磁场的变化速度成正比，而与线圈中磁通的大小无关。

特别提示

当线圈的磁通变化率为零时，即使线圈中的磁通再大，线圈中也不会有感应电动势产生。

楞次定律对感应电动势方向的描述如下：当穿过线圈的磁通发生变化时，感应电动势的方向总是企图使它的感应电流产生的磁通阻碍原有磁通的变化。即当线圈磁通增加时，感应电流就要产生与它方向相反的磁通来阻碍它的增加；当线圈中的磁通减少时，感应电流就要产生与原有磁通方向相同的磁通去阻碍它的减少。

2. 自感

电磁感应分为自感和互感，由流过线圈本身的电流发生变化而产生感应电动势的现象称为自感现象，简称自感。图5.4所示日光灯镇流器就是一个自感系数较大的自感线圈。另外，如图5.5所示，人们常说的扼流圈、阻流圈、限流器等其实都是自感元件。

图5.4 日光灯镇流器　　　　　　图5.5 自感元件

由自感现象产生的感应电动势称为自感电动势，用 e_{L} 表示，即

$$e_{\mathrm{L}} = L \frac{\Delta i}{\Delta t} \qquad (5-2)$$

其中，L 为线圈的电感量，单位为亨［利］（H）；$\Delta i / \Delta t$ 为电流对时间的变化率，单

位为安/秒(A/s)。

通常，当具有相当大的自感和通有较大电流的电路断开时，由于 L 和 $\Delta i/\Delta t$ 都很大，自感电动势 e_L 可能很大，甚至会超过原来电源电压的几百倍，以致使电键缝隙处空气的绝缘击穿而导电，出现火花放电，或在电闸断开的间隙产生强烈电弧。我们可以利用电弧发生的高温冶炼、焊接、切割熔点高的金属，如图 5.7 所示。图 5.6 所示雷雨云所产生的闪电，与弧光放电非常相似。

图 5.6 闪电　　　　　　　　图 5.7 弧光放电应用

自感电动势的方向用楞次定律来判断，自感电动势的方向与外电流变化的方向相反，自感电动势阻碍线圈中电流变化。

请注意：在大电感电路中千万不要突然拉闸！

在图 5.8 所示的电路中，磁场是由线圈本身的电流 i 产生的，当电流 i 增加时，自感电动势的方向阻碍电流增加，因此其方向为 a→b，即自感电压的极性为 b(＋)和 a(－)；而当电流 i 减小时，自感电动势的方向为 b→a，即自感电压的极性为 a(＋)和 b(－)。

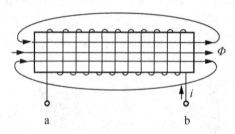

图 5.8 自感电动势方向

自感电动势表达式中的电感量 L 也被称为自感系数，它等于线圈中通过单位电流时所产生的自感磁链，即

$$L=\frac{\Phi}{I} \tag{5-3}$$

式(5-3)中 L 为线圈的电感量，单位为 H；Φ 为由线圈自身的电流所产生的自感磁链，单位为 Wb；I 为流过线圈的电流，单位为 A。

3. 互感现象及互感原理

互感现象也是电磁感应的一种形式。设有两个彼此邻近的线圈分别是线圈 N_1 和线圈 N_2，它们分别通有电流 i_1 和 i_2，如图 5.9(a)与图 5.9(b)所示。

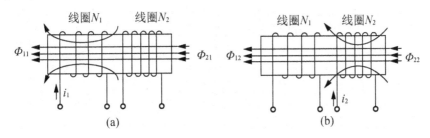

图 5.9 互感现象

在图 5.9(a)中，线圈 N_1 所产生的磁场有一部分磁力线通过线圈 N_2 所围面积(Φ_{21})；同样，在图 5.9(b)中，线圈 N_2 所产生的磁场也有一部分通过线圈 N_1 所围面积(Φ_{12})。因此，当其中一个回路中的电流变化时，通过另一个回路的磁通量也跟着变化，从而在回路中产生感应电动势，这种现象称为互感现象。

互感定义

由于其中一个线圈中的电流发生变化，而在另一个线圈中产生感应电动势，这种现象被称为互感现象，简称为互感。

设回路 N_1 中电流 i_1 产生的磁场穿过回路 N_2 的磁链为 Φ_{21}，回路 N_2 中电流 i_2 产生的磁场穿过回路 N_1 的磁链为 Φ_{12}。根据毕-萨定律，由于 i_1 在空间任何一点激发的磁感强度都与 i_1 成正比，在没有铁磁质的情况下，Φ_{21} 正比于 i_1，Φ_{12} 正比于 i_2，写成等式如下

$$\Phi_{12} = M_{12} \times i_2 \tag{5-4}$$

$$\Phi_{21} = M_{21} \times i_1 \tag{5-5}$$

由式(5-4)与式(5-5)可以得到

$$M_{12} = \frac{\Phi_{12}}{i_2}, \quad M_{21} = \frac{\Phi_{21}}{i_1}$$

实验证明，比例系数 M_{12} 和 M_{21} 的数值相等。一般用符号 M 表示，即

$$M_{12} = M_{21} = M$$

我们把 M 称为两个回路的互感系数。

互感系数都与哪些因素有关呢？

它的数值由两回路的几何形状、大小、匝数、两回路的相对位置以及周围磁介质的磁导率决定。

互感系数的大小反映一个线圈的电流在另一个线圈中产生磁链的能力，单位是亨利(H)。互感系数在数值上等于其中一个回路为单位电流时，其磁场穿过另一个回路的磁链数；在没有铁磁质的情况下，其数值与电流无关。

由互感现象产生的感应电动势称为互感电动势，用 e_M 表示。即

$$e_{M2} = -M \frac{\Delta i_1}{\Delta t} \qquad\qquad (5-6)$$

$$e_{M1} = -M \frac{\Delta i_2}{\Delta t} \qquad\qquad (5-7)$$

式(5-6)和式(5-7)表明，线圈中互感电动势的大小与互感系数及另一线圈中电流的变化率成正比。互感电动势的方向可由楞次定律来判断。

如果选择互感电压的参考方向与互感磁通的参考方向符合右手螺旋法则，则根据电磁感应定律有

$$u_{21} = \frac{d\Phi_{21}}{dt} = M \frac{di_1}{dt}$$

$$u_{12} = \frac{d\Phi_{12}}{dt} = M \frac{di_2}{dt}$$

当线圈中的电流为正弦交流时，如

$$i_1 = I_{1m} \sin \omega t, \quad i_2 = I_{2m} \sin \omega t$$

则有

$$u_{21} = M \frac{di}{dt} = \omega M I_{1m} \cos \omega t = \omega M I_{1m} \sin \left(\omega t + \frac{\pi}{2}\right)$$

$$u_{12} = \omega M I_{2m} \sin \left(\omega t + \frac{\pi}{2}\right)$$

$$\dot{U}_{21} = j\omega M \dot{I} = jX_M \dot{I}$$

$$\dot{U}_{12} = j\omega M \dot{I}_2 = jX_M \dot{I}_2$$

思考

两个线圈中通以直流电时，它们之间有互感作用吗？

5.1.2　互感线圈的同名端

1. 认识同名端

在研究自感现象时，考虑到线圈的自感磁链是由流过线圈本身的电流产生的，因此只要选择自感电压与电流参考方向相关联，就有

$$u_L = L \frac{di}{dt}$$

无需考虑线圈的实际绕向。当通过线圈的电流增加($di/dt > 0$)时，自感电压的方向与电流的实际方向一致，而当电流减小($di/dt < 0$)时，则自感电压的方向与电流的实际方向相反；即自感电压始终要阻碍电流的变化。

影响互感电压因素

在互感电路中，互感电压的大小与互感磁链的变化率成正比；由于互感磁链是由另一个线圈的电流产生的，因而互感电压的极性还与两耦合线圈的实际绕向有关。

图 5.10(a)和图 5.10(b)所示电路的区别在于线圈 N_2 的绕向不同。图中 u_{11} 为自感电压，u_{21} 为互感电压。

当电流从 a 端流入并增大时，由于 N_2 的绕向不同而在其上产生的互感电压的方向也

不相同。图 5.10(a)中互感电压的方向由 c→d，而图 5.10(b)中互感电压的方向由 d→c。由此可见，要知道互感电压的方向须要知道线圈相互间的实际绕向。

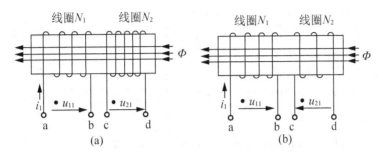

图 5.10　互感电压方向与线圈绕向的关系

线圈制造完成后往往密封在一个外壳中，看不到内部具体绕向，且在电路中要画出线圈的实际绕向也很不方便。为了表示线圈的相对绕向以确定互感电压的极性，在工程上常采用标记同名端的方法加以解决。

2. 同名端的标记原则

如果在两个互感线圈中同时通以电流 i_1 和 i_2，若它们所产生的磁通在线圈内是相互增强的，那么，这两个电流的流入端(或流出端)就互为同名端。如果磁通相互削弱，则两个电流的流入端(或流出端)就互为异名端。

同名端用标记"·"或"*"标出，另一端则无须再标。

在图 5.10(a)所示电路中，线圈 N_1 和线圈 N_2 的 a 和 c 互为同名端(b 与 d 也互为同名端)；而在图 5.10(b)所示电路中，线圈 N_1 和线圈 N_2 的 a 和 d 互为同名端(b 与 c 也互为同名端)。

在引入同名端的概念后，互感电压的极性(或方向)可以由产生互感电压的线圈的自感电压的极性来判断，即变化电流引起的感应电压(自感电压与互感电压)在线圈的同名端的极性是相同的。

【例 5.1】　在图 5.11 所示电路中，标出相互联系的线圈的同名端。

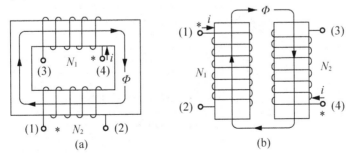

图 5.11　例 5.1 图

解： 根据同名端的意义，在图 5.11(a)中，当电流从线圈 N_1 的"4"端和线圈 N_2 的"1"端流入时，在线圈中产生的磁场是互相增强的，因此"4"和"1"互为同名端。同理，在图 5.11(b)中，"1"和"4"互为同名端。

【例 5.2】 在图 5.12 所示电路中，已知线圈 N_1 的电流 i 在某一瞬间是增加的，试判断线圈 N_2 中的感应电压的极性。

解： 由于线圈 N_1 中的电流增加，因此自感电压的方向为上正下负(阻碍电流增加)，根据同名端感应电压极性相同的特点，此刻线圈 N_2 上的互感电压的极性为下正上负。

3. 同名端的测定

一般对于互感线圈，在制造完成后需在密封外壳标注同名端。对于同名端标注不清或没有同名端标注的互感线圈，则可以通过图 5.13 所示的实验电路来确定同名端。

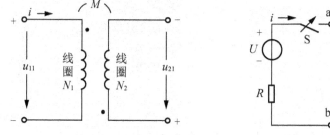 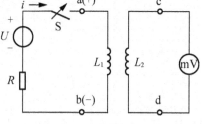

图 5.12 例 5.2 图   图 5.13 同名端测量电路

电路中，当开关 S 突然闭合的瞬间，电流 i 增加，电感线圈 L_1 中产生的自感电压为上正下负(图示)，若此时电压表正向偏转，则说明线圈 L_2 中电流是从 c 经电压表流向 d，由此可知互感电压的极性是 c(＋)、d(－)；根据同名端的定义可知 a、c 互为同名端；若电压表反向偏转，则说明互感电压的极性为 c(－)、d(＋)，可见 a、d 互为同名端。

 特别提示

将两个存在互感的线圈进行串并联时，必须注意同名端，否则互感线圈有烧毁的危险。

练习

在图 5.14 所示电路中，开关 S 原来处于闭合状态；试确定 S 打开瞬间，线圈 L_2 互感电压的极性。

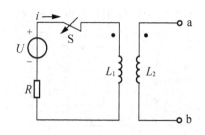

图 5.14 练习图

5.1.3　互感现象的应用

互感现象在电子技术和电力电路中的应用很广泛。通过互感可以使能量或信号由一个线圈方便地传递到另一个线圈，利用互感现象的原理可制成变压器、感应圈等。但在有些情况中，互感也有害处。例如，有线电话往往由于两路电话线之间的互感而有可能造成串音；收录机、电视机及电子设备中也会由于导线或部件间的互感而妨害正常工作。这些互感的干扰都要设法尽量避免。

本节介绍电压互感器和电流互感器这两种在电力电路中经常使用的器件的原理。

1. 电压互感器

高压电很危险，所以在测量高压电路的电压时，往往需要把电压按一定比例降到一定值(低压)，然后再进行测量。

电压互感器图 5.15 就是一种把高电压转变为低电压的电压转换器。它由铁心和线圈两部分组成，线圈有原线圈和副线圈之分，原线圈匝数很多而副线圈匝数很少，原副线圈绕制在同一个铁心上。

图 5.15　电压互感器

电压互感器工作时原线圈(也称原边)并联在高压侧，而副线圈(也称为副边)则与电压表等测量器件连接。图 5.16 是一个高压测量电路示意图。

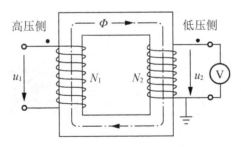

图 5.16　电压互感器原理示意图

若忽略磁路的漏磁通，则根据电磁感应定律有

$$u_1 = N_1 \times \frac{\mathrm{d}\Phi}{\mathrm{d}t}, \quad u_2 = N_2 \times \frac{\mathrm{d}\Phi}{\mathrm{d}t}$$

因此有

$$\frac{u_1}{u_2} = \frac{N_1 \mathrm{d}\Phi/\mathrm{d}t}{N_2 \mathrm{d}\Phi/\mathrm{d}t} = \frac{N_1}{N_2}$$

结合正弦交流电路的特点可知，高压侧电压有效值(U_1)与低压侧电压有效值(U_2)之间有以下关系

$$\frac{U_1}{U_2}=\frac{N_1}{N_2}=k \tag{5-8}$$

式(5-8)中，k 称为电压比。由于电压互感器原边绕组匝数多，副边绕组匝数少。所以一般有 $k>1$。只要适当选择变比 k，就能根据副边电压算出原边电压，从而避免直接测量高压电路。

2. 电流互感器

电流互感器则可以将电路中的大电流转变为小电流，是一种进行电流变换的器件。电力电路中，为了安全测量大电流往往需要用电流互感器把大电流变为小电流后再用电流表进行测量。

电流互感器的结构与电压互感器基本相同，电流互感器的原边匝数少、导线粗，而副边则匝数多、导线细，使用时原边串入被测电路中，副边则接相应的仪器或仪表。图 5.17 是电流互感器的应用示意图。

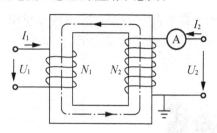

图中电流与匝数之间存在以下关系

$$\frac{I_1}{I_2}=\frac{N_2}{N_1}=\frac{1}{k} \tag{5-9}$$

式(5-9)中，k 称为电流比，由原副边匝数决定，一般 $k<1$。只要适当选择电流比 k，就能根据副边电流的大小测出原边电流，从而避免直接测量大电流电路。

图 5.17 电流互感器原理示意图

在电力电路中，直接用电流表测量电流时，需要切断电源将电流表串入电路中，这样既不方便也不安全。因此工程上通常用钳形电流表来进行电流测量，其工作电流示意图如图 5.18(a)所示。

钳形电流表如图 5.18(b)所示。在测量时可用手柄将钳口(铁心)张开，把需要测量电流的导线套入钳形铁心内，被测量的导线就是电流互感的原边 N_1(只有一匝)，副边(匝数为 N_2)线圈接电流表，从电流表中可以直接读出被测电流的大小。这样既可以测量较大的电流，又不用断开电路，使用起来非常方便。

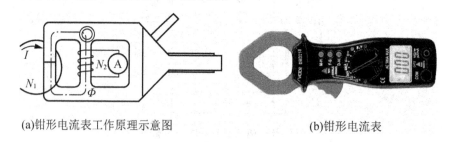

(a)钳形电流表工作原理示意图   (b)钳形电流表

图 5.18 钳形电流表工作原理示意图及实物图

5.2 变压器及其应用

5.2.1 实训：认识变压器

变压器主要用于传输电能或电信号。它具有变压、变流和阻抗变换等作用。

电力变压器如图 5.19(a)所示，供输配电系统中升压或降压用；图 5.19(b)所示是控制变压器，其作为机床和机械设备中一般电器的控制照明及指示灯等的电源用；电源变压器如图 5.19(c)所示，变换交流电用。本次实训选择图 5.19(c)所示电源变压器，铭牌标记如图 5.20 所示，将变压器输入端接市电 220V，50Hz，用示波器观察输出波形。

(a)电力变压器　　　　　(b)控制变压器　　　　　(c)电源变压器

图 5.19　变压器图片

图 5.20　电源变压器铭牌

特别提示

变压器接入市电时注意安全。

1. 训练目的

观察变压器的结构和铭牌的数据。

通过训练了解变压器电压变换关系。

2. 任务实施

按图 5.21 所示将变压器输入端接入市电 220V，50Hz，用示波器观察输出波形，请在下放空白处画出输出波形，并记录波形参数。

图 5.21　变压器接线图

参数记录：峰—峰值_____V；   频率_____Hz

思考

记录的峰—峰值与变压器铭牌标记的输出电压值是否一致？若不一致，它们有什么关系吗？

5.2.2 变压器的基本结构与工作原理

变压器种类很多，应用也不一样，但工作原理基本相同。本节以单相变压器为例，讨论变压器的基本特点。

1. 单相变压器的基本结构

单相变压器的基本结构与电压互感器基本相同，也是由铁心和绕组两部分组成。图 5.22(a)是一个单相变压器的简单结构示意图，图 5.22(b)是变压器的图形符号。

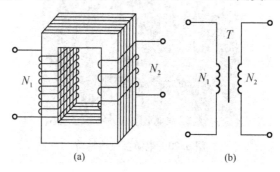

图 5.22　变压器结构示意图与图形符号

铁心是变压器的磁路部分，通常由 0.35～0.5mm 厚的硅钢片交错叠装而成，片与片之间涂绝缘层隔开。这样做的目的是为了尽可能减少变压器工作时铁心的涡流损耗和磁滞损耗。图 5.23 为几种常见的单相变压器铁心结构。

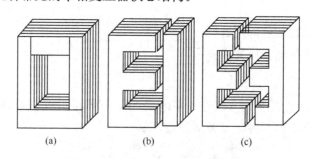

图 5.23　单相变压器铁心结构示意图

变压器绕组一般采用绝缘铜线或铝线绕制而成，其中与电源相连的绕组称为原边或初级，与负载相连的绕组称为副边或次级。

按铁心和绕组的组合结构不同，变压器可分为心式变压器和壳式变压器，如图 5.24 所示。心式变压器的铁心被绕组包围，如图 5.24(a)所示，而壳式变压器则是铁心包围绕组，如图 5.24(b)所示。

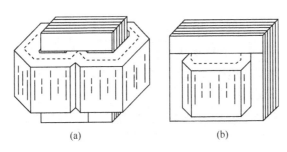

(a)   (b)

图 5.24　变压器结构示意图

现在知道变压器由哪些部分组成了，那它到底有什么作用呢？

2. 变压器的工作原理

变压器原边接入交流电路中后，绕组中就有交流电流流过，交流电就在铁心内产生交变的磁场，这个磁场在副边产生感应电动势或感应电压，这个电压的大小与变压器原、副边的绕组的匝数比有关，这样就可以通过选择不同匝数比的变压器得到需要的电压。副边接上负载后就有电流流过，这样就将电能由原边传送到了副边。副边电流也会产生磁场，反过来作用于原边电流所产生的磁场，最后铁心中的磁场是一次侧和二次侧电流共同作用的结果。

1）变压器空载运行

变压器工作时原边接到电源上，负载接入副边。为了分析方便，首先分析不接负载（空载）时的情况。图 5.25 是变压器空载时的接线图，原副边匝数、电压、电动势、空载电流及磁通参考方向如图所示。

若忽略漏磁通，则根据电磁感应定律，有

$$e_1 = -N_1 \frac{\mathrm{d}\Phi}{\mathrm{d}t} \quad 和 \quad e_2 = -N_2 \frac{\mathrm{d}\Phi}{\mathrm{d}t}$$

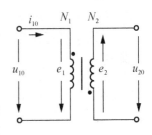

图 5.25　变压器空载运行

e_1 和 e_2 的有效值分别为

$$E_1 = 4.44 f N_1 \Phi_{\mathrm{m}} \quad 和 \quad E_2 = 4.44 f N_2 \Phi_{\mathrm{m}} \qquad (5-10)$$

式(5-10)中，f 为交流电源的频率，Φ_{m} 为主磁通的最大值。如果忽略绕组电阻上的压降，则认为原副边电动势有效值近似等于电压有效值，即

$$U_1 \approx E_1 = 4.44 f N_1 \Phi_{\mathrm{m}}$$
$$U_2 \approx E_2 = 4.44 f N_2 \Phi_{\mathrm{m}}$$

因此有

$$\frac{U_1}{U_2} \approx \frac{4.44 f N_1 \Phi_{\mathrm{m}}}{4.44 f N_2 \Phi_{\mathrm{m}}} = \frac{N_1}{N_2} = k$$

结论

变压器空载运行时，原副边电压有效值之比等于绕组的匝数比。

当原边电压为某一值时，只要选用不同的变比（原副边匝数比称变比，即 $k = N_1 / N_2$）的变压器就可获得不同电压等级的副边输出电压。

若 $k > 1$ 时，则副边电压小于原边电压，这种变压器称为降压变压器，即

$$U_{20} = \frac{U_1}{k} < U_1$$

若 $k < 1$ 时，则副边电压大于原边电压，这种变压器称为升压变压器，即

$$U_{20} = \frac{U_1}{k} > U_1$$

【例 5.3】 已知变压器铁心截面为 $20\ \text{cm}^2$，铁心中磁感应强度最大不得超过 0.2T，若要用它把 220V 的工频交流电变换成 20V 的同频率交流电，问原副边匝数应当为多少？

解： 铁心中的最大磁通为

$$\Phi_{\text{m}} = B_{\text{m}} \times S = 0.2 \times 20 \times 10^{-4} = 0.0004(\text{Wb})$$

原边的匝数应为

$$N_1 = \frac{U_1}{4.44 f \Phi_{\text{m}}} = \frac{220}{4.44 \times 50 \times 0.0004} \approx 2477$$

变压器的变比为

$$k = \frac{U_1}{U_2} = \frac{220}{20} = 11$$

因为 $k = N_1/N_2$，所以变压器副边的匝数应为

$$N_2 = \frac{N_1}{k} = \frac{2477}{11} \approx 225$$

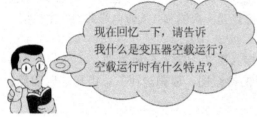

现在回忆一下，请告诉我什么是变压器空载运行？空载运行时有什么特点？

2）变压器负载运行

图 5.26 为变压器带上负载 Z 后的电路图。由于副边有电流（i_2）通过，从而将影响原边电流的大小。

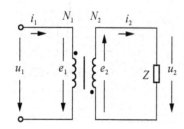

图 5.26 变压器负载运行

由于变压器存在内阻，负载时变压器副边的输出电压将比空载时有所下降，但一般情况下内部电压降不会超过额定电压的 10%，所以可以近似认为副边电压有效值仍然等于副边电动势有效值，即

$$U_2 \approx E_2$$

结论

可以认为变压器负载运行时，原副边电压之比依然等于匝数之比，即

$$\frac{U_1}{U_2} = \frac{N_1}{N_2} = k$$

但是，副边负载电流的出现将极大地影响原边电流，使原边电流增加。变压器运行时

$$U_1 \approx E_1 = 4.44 f N_1 \Phi_{\text{m}}$$

可见，只要原边电源电压不变（有效值和频率），那么磁通的最大值也应当保持基本不变。负载运行后，磁路的磁动势由原副边共同产生，其大小应当与空载时的磁动势基本相等。即

$$I_1 \times N_1 + I_2 \times N_2 = I_{10} \times N_1 \tag{5-11}$$

式（5-11）中，I_{10} 是变压器空载时的空载电流，其大小一般只有额定电流的百分之几，

因此上式可近似写成以下形式

$$I_1 \times N_1 + I_2 \times N_2 \approx 0$$

即

$$I_1 \times N_1 \approx -I_2 \times N_2 \qquad (5-12)$$

由此可见，变压器负载运行时，原、副边产生磁动势方向相反，即副边电流 I_2 对原边电流 I_1 产生的磁通有去磁作用。

因此，当副边电流(负载电流)发生变化时，原边电流也随之变化。例如，副边电流增加时原边电流也增加；副边电流减小时，原边电流也随之变小。

由式(5-12)可知，原、副边电流有效值之间存在以下近似关系

$$\frac{I_1}{I_2} \approx \frac{N_2}{N_1} = \frac{1}{k}$$

结论

变压器原、副边电流与电压之间的近似关系如下

$$\frac{I_1}{I_2} \approx \frac{U_2}{U_1} \approx \frac{N_2}{N_1} = \frac{1}{k}$$

可见，变压器负载运行时，匝数多的绕组电压高、电流小，而匝数少的绕组电压低、电流大。

【例5.4】 已知某一变压器 $N_1 = 1000$，$N_2 = 100$，$U_1 = 220V$，$I_2 = 2A$，负载为纯电阻，忽略变压器的漏磁与损耗，求变压器付边电压 U_2、原边电流 I_1 和输入、输出功率。

解： 变压器的变比为

$$k = \frac{N_1}{N_2} = \frac{1000}{100} = 10$$

所以，变压器副边电压为

$$U_2 = \frac{U_1}{k} = \frac{220}{10} = 22 (\text{V})$$

变压器原边电流为

$$I_1 = \frac{I_2}{k} = \frac{2}{10} = 0.2 (\text{A})$$

由于是纯电阻负载，所以变压器的输出功率为

$$P_2 = U_2 \times I_2 = 22 \times 2 = 44 (\text{W})$$

由于忽略了变压器自身的损耗，所以输入功率为

$$P_1 = U_1 \times I_1 = 220 \times 0.2 = 44 (\text{W})$$

可见，当变压器的功率损耗不计时，它的输入功率等于输出功率，这是符合能量守恒定律的。

现在再告诉我，什么是变压器负载运行？负载运行时有什么特点？

变压器在电能输送中起的作用十分重大，在远距离电能输送时，需要升压变压器把电

压升得很高后再进行输送，此时线路中的电流可以很小，这样可以减小导线的截面积以节省材料，同时也减少了线路上能量的损耗和电压的损失；当电能到达用户后再用降压变压器降到合适的电压等级即可使用。

3）阻抗变换

变压器除了进行电压变换和电流变换以外还可以用于阻抗变换，这一点在电子电路中应用十分广泛。

图 5.27(a)是利用变压器进行阻抗变换的原理图，图 5.27(b)是其等效电路。在电路中实际负载为 Z_L，电路等效后的等效负载为 Z_L'。

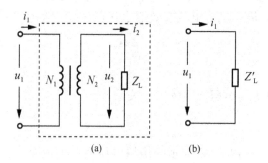

图 5.27　变压器阻抗变换原理

等效阻抗的大小为

$$|Z_L'| = \frac{U_1}{I_1} = \frac{(N_1/N_2)\times U_2}{(N_2/N_1)\times I_2} = \left(\frac{N_1}{N_2}\right)^2 / |Z_L| = k^2 \times |Z_L|$$

结论

阻抗值为 $|Z_L|$ 的负载通过变压器接到电源上，相当于将阻抗值扩大（或缩小）k^2 倍后直接接到电源上，也就是说变压器把阻抗 $|Z_L|$ 变换为 $k^2 |Z_L|$。

因此，只要选择合适的变比，可以把实际负载阻抗变换为所需的数值，这就是变压器阻抗变换的意义。

【例 5.5】　某交流信号源的电动势 $E=120\text{V}$，内阻 $R_0=800\Omega$，负载电阻 $R_L=8\Omega$；试求：

（1）若将负载直接与信号源相连，如图 5.28(a)所示，信号源的输出功率有多大？

（2）若要使信号源输送给负载的功率达到最大值，应当用变比是多少的变压器进行阻抗变换？变换后的等效阻抗和负载上得到的功率分别是多少？

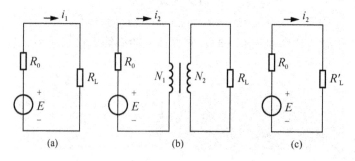

图 5.28　例 5.4 图

解：由电路图 5.28(a)可知，直接相连时负载得到的功率为

$$P = I^2 \times R_L = \left(\frac{E}{R_0 + R_L}\right)^2 \times R_L = \left(\frac{120}{800+8}\right)^2 \times 8 = 0.176 \text{(W)}$$

若用变压器进行阻抗变换，电路如图 5.28(b)所示，当等效阻抗等于电源内阻时，负载上得到的功率最大。即

$$R'_L = R_L = 800 \text{(}\Omega\text{)}$$

根据阻抗变换原理，变压器的变比应为

$$k = \frac{N_1}{N_2} = \sqrt{\frac{R'_L}{R_L}} = \sqrt{\frac{800}{8}} = 10$$

可见，变压器变换后的等效电路如图 5.28(c)所示，此时信号源的输出功率应为

$$P = I_2^2 \times R'_L = \left(\frac{E}{R_0 + R'_L}\right)^2 \times R'_L = 4.5 \text{(W)}$$

由此可见，进行变换后负载上得到的功率远大于直接接入时负载上的功率。

在电子电路中，为了提高信号的传输功率，常用变压器将负载功率变换为适当的数值，使其与放大电路的输出阻抗相匹配，这种做法称为阻抗匹配。

项 目 小 结

在实际使用中，常常需要不同电压的交流电，变压器可以改变交流电压、电流、阻抗等参数。变压器接入交流电路中要注意原边(输入端)和副边(输出端)切勿接反。本项目知识点包括如下内容。

1. 当线圈中产生的感应电压不是线圈自身的电流变化引起时，这种现象就是互感现象；互感是电磁感应的基本内容之一。

2. 互感线圈产生的互感电压的极性与线圈的相对绕向有关，为了便于判断，引入了同名端的概念；注意同名端的意义和判别方法。

3. 在生产与生活中利用互感现象工作的器件很多，电压互感器、电流互感器以及选频电路的天线都是利用互感原理工作的。

4. 变压器由铁心和绕组两大部分组成的，它是利用互感原理工作的一种典型器件；无论在电力电路还是电子电路中都有十分广泛的应用。

5. 变压器能进行电压变换、电流变换和阻抗变换。

思考题与习题

5.1 在图 5.29 所示电路中，将 $R_L = 8\Omega$ 的扬声器接在输出变压器的副边，已知 $N_1 = 300$ 匝，$N_2 = 100$ 匝，信号电源电动势 $E = 6\text{V}$，内阻 $R_0 = 100\Omega$，试求信号源输出功率。

5.2 在图 5.30 所示的正弦稳态电路中，已知电源内阻 $R_S = 9\text{k}\Omega$，负载电阻 $R_L = 1000\Omega$，为使负载上获得最大功率，变压器的变比 $k = N_1/N_2$ 应为多少？

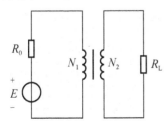

图 5.29 题 5.1 图

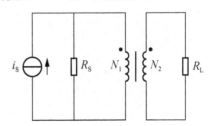

图 5.30 题 5.2 图

项目6

三相异步电动机的安装

知识目标	了解三相正弦交流电的产生 了解三相电路的有关概念 理解三相电源 Y、△联接电路的形式和特点 了解三相异步电动机及绕组的连接 掌握三相正弦交流电路 Y、△联接的分析和计算 掌握三相有功功率、无功功率和视在功率的计算方法
能力目标	能正确描述三相正弦交流电的特点 能正确完成负载 Y、△联接接线 掌握三相电路接线的基本技能，并能进行调试和故障维修

引例

目前发电及供电系统都采用三相交流电,日常生活中所使用的交流电只是三相交流电其中的一相。三相交流电多用于企业和工厂中,如电机、泵类等。图6.1是采用三相电动机驱动的车床、起重设备及三相电动机图片。

(a)车床   (b)起重设备   (c)三相电动机

图6.1 三相交流电的应用

到底三相电是怎样产生的?有什么特点?电路如何接入三相电?怎样实现图6.1(b)所示起重设备的移动、上升和下降?下面就将对这些问题进行解答。

6.1 三相正弦交流电路的概念

一般的电力系统都采用三相四线制供电方式,即由3个频率相同、大小相等、波形相同但变化进程不同的交流电源组成的三相供电系统。

三相供电方式得到广泛应用是因为它比单相供电方式具有明显的优势。

(1)三相交流发电机和变压器比同容量的单相交流发电机和变压器节省材料,并且体积小。

(2)在输送电压、功率及线路损耗等相同的时候,三相线路比单相线路节省有色金属。

(3)三相交流电动机在结构、性能及运行可靠性等方面都比单相交流电动机优越。

对三相电路进行分析可以用单相电路的分析方法,即单相电路中的基本理论、基本定律完全适用于三相正弦交流电路,而三相电路又有其自身的特点,所以,在三相电路的学习过程中,必须掌握三相交流电路的特点。

6.1.1 三相正弦交流电动势的产生

三相交流电动势由三相交流发电机产生,发电机是利用电磁感应原理将机械能转变为电能的装置,图6.2是三相交流发电机示意图。它主要由电枢与磁极组成。

电枢是固定的,又称为定子。电枢(定子)铁心的内圆周表面冲有槽,用以放置三相电枢绕组 U_1U_2、V_1V_2、W_1W_2,三相绕组完全相同且彼此相隔120°,U_1、V_1、W_1 称为始端,U_2、V_2、W_2 称为末端。

磁极是旋转的,又称为转子。磁极(转子)铁心上有励磁绕组,用直流电流励磁。当转子以角速度 ω 匀速旋转时,在3个定子绕组中,均会感应出随时间按正弦规律变化的电动势,称为三相对称电动势。

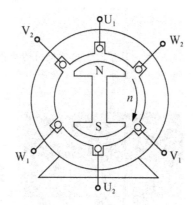

图 6.2 三相交流发电机示意图

1. 三相对称电动势的特点

三个正弦交流电动势频率相同，幅值相等，彼此间的相位差为120°。它们分别是

$$e_U = E_m \sin \omega t$$

$$e_V = E_m \sin (\omega t - 120°)$$

$$e_W = E_m \sin (\omega t - 240°) = E_m \sin (\omega t + 120°)$$

可以用相量表示为

$$\dot{E}_U = E \angle 0°$$

$$\dot{E}_V = E \angle (-120°)$$

$$\dot{E}_W = E \angle 120°$$

它们的瞬时值或相量值之和为零，即

$$e_U + e_V + e_W = 0$$

或

$$\dot{E}_U + \dot{E}_V + \dot{E}_W = 0$$

三相对称电动势的波形图和相量图如图 6.3(a)和图 6.3(b)所示。

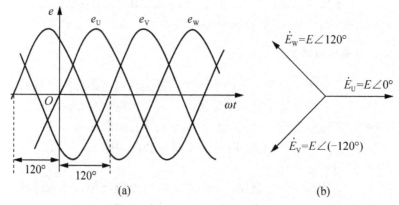

图 6.3 三相对称电动势的波形图和相量图

由于发电机绕组的阻抗很小，因而在绕组上的压降也很小，在通常情况下可以略去不计，所以不论电源的绕组中有无电流，一般认为电源各相的电压和各相的电动势大小相等，方向相反。因三相电动势是对称的，所以三相的电压也是对称的，即三相电压大小相等、频率相同、相位互差120°。因此可得到电压瞬时值和相量的表达式如下

$$u_U + u_V + u_W = 0$$

$$\dot{U}_U + \dot{U}_V + \dot{U}_W = 0$$

2. 相序

三相交流电源中的3个电压达到同一量值（如最大值）的先后次序称为相序。U→V→W 为顺相序，这种相序是 U 相超前于 V 相，V 相超前于 W 相；U→W→V 为负相序，这种相序是 U 相超前于 W 相，W 相超前于 V 相。

在无特别说明时，三相电源均认为是顺相序对称电源。工业上通常在交流发电机的三相引出线及配电装置的三相母线上涂以黄、绿、红 3 种颜色，分别表示 U、V、W 三相，如图 6.4 所示。

三相电源的相序改变会影响接在电源上的三相电动机的转向，这种方法常用于控制电动机使其正转或反转，所以，在接三相电动机时尤其要注意这一点。

图 6.4 漏电断路器三相母线

思考

起重设备吊钩和平移机构移动由电动机正反转控制移动方向，图 6.5 所示为三相电动机正反转控制电路的部分电路。若图中为正转控制电路，要实现反转控制，电动机应如何接线，试在图 6.5 中将反转控制部分补上（通过改变相序实现）。

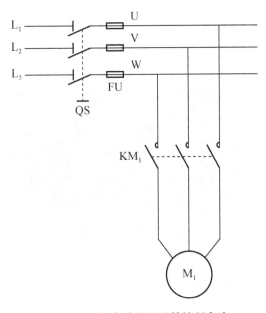

图 6.5 三相电动机正反转控制电路

6.1.2 三相电源的联接

三相电源在向外供电的时候要按一定的规律联接，而不是直接引出6根导线，三相电源的联接方法有星形联接和三角形联接两种。

为了分析方便，这里对三相交流电量的参考方向进行如下规定，即各相电动势的正方向规定为从绕组的末端指向始端，相电压的正方向规定为从绕组的始端指向末端。

1. 三相电源的星形联接

将三相电源的3个末端依次联接到一起，从3个始端引出3根电源线向负载供电的方法叫做星形联接，如图6.6所示。

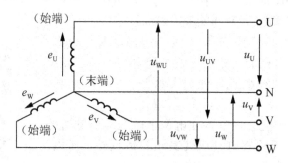

图6.6 三相电源星形联接

在星形联接中，三相绕组末端的联接点称为三相电源的中性点或零点，用字母N表示。从中性点引出的输电线叫做中性线(俗称零线)。中性线通常和大地相接。从三相绕组的始端引出的导线称为端线或相线(俗称火线)，用字母U、V、W表示。这种供电方式就是三相四线制，居民生活用电和工厂的低压配电线路大都属于三相四线制。

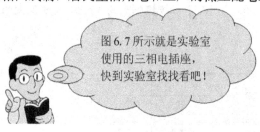

图6.7所示就是实验室使用的三相电插座，快到实验室找找看吧！

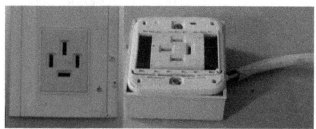

图6.7 三相电插座

思考

实验室的三相电插座有 4 个插孔，如图 6.7 所示，如何判断到底哪个是中性线的插孔呢？

对电源进行星形联接时，可得到两种电压，即相电压与线电压。

（1）相电压：电源每相绕组两端的电压，或相线与中性线之间的电压，称为电源的相电压。用 u_U、u_V、u_W 表示，如图 6.6 所示。

相电压有效值用 U_P 表示。

（2）线电压：任意两相绕组始端之间或任意两相相线之间的电压，称为线电压。用字母 u_{UV}、u_{VW}、u_{WU} 表示，如图 6.6 所示。

线电压有效值用 U_L 表示。

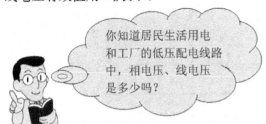

对三相电源进行星形联接时，关于线电压和相电压之间的关系根据基尔霍夫电压定律可得到如下公式

$$u_{UV} = u_U - u_V, \quad u_{VW} = u_V - u_W, \quad u_{WU} = u_W - u_U$$

上述关系说明线电压的瞬时值等于对应相电压的瞬时值之差。由于上述各量都是同频率的正弦量，因此可以用相量形式来表示，即

$$\dot{U}_{UV} = \dot{U}_U - \dot{U}_V, \quad \dot{U}_{VW} = \dot{U}_V - \dot{U}_W, \quad \dot{U}_{WU} = \dot{U}_W - \dot{U}_U$$

线电压的相量等于对应相电压相量之差。根据上式可画出星形联接时相电压与线电压的相量图，如图 6.8 所示。

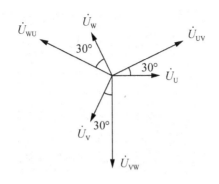

图 6.8　星形联接时电压相量图

由于相电压是对称的，所以线电压也是对称的。

相电压与线电压关系如下。

（1）相位：线电压的相量在相位上比相应相电压的相量超前 30°。

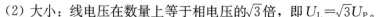

（2）大小：线电压在数量上等于相电压的$\sqrt{3}$倍，即$U_{\mathrm{L}}=\sqrt{3}U_{\mathrm{P}}$。

练习

当发电机的三相绕组连成星形时，设线电压为$U_{\mathrm{UV}}=220\sin(\omega t-30°)(\mathrm{V})$，试写出相电压$U_{\mathrm{U}}$的三角函数式。

2. 三相电源的三角形联接

将三相交流发电机绕组的始末端依次相连，即U_2与V_1、V_2与W_1、W_2与U_1分别相连，连成一个闭合的三角形，这种方法称为三角形联接，如图6.9(a)所示。为了便于分析，将图6.9(a)画成6.9(b)所示的形式。

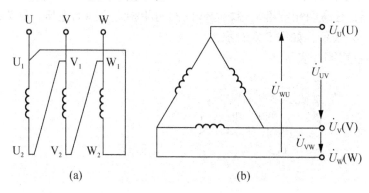

图6.9 电源的三角形联接

进行三角形联接时，只有3条端线，没有中线，它是三相三线制。每相绕组的电压是相电压，端线上的电压是线电压，由图可得

$$u_{\mathrm{UV}}=u_{\mathrm{U}},\ u_{\mathrm{VW}}=u_{\mathrm{V}},\ u_{\mathrm{WU}}=u_{\mathrm{W}}$$

或

$$\dot{U}_{\mathrm{UV}}=\dot{U}_{\mathrm{U}},\ \dot{U}_{\mathrm{VW}}=\dot{U}_{\mathrm{V}},\ \dot{U}_{\mathrm{WU}}=\dot{U}_{\mathrm{W}}$$

相电压与线电压关系如下。

对电源进行三角形联接时，线电压与相电压相等。

进行三角形联接时三相电源形成了一个回路，因此三相电源对称的时候有

$$\dot{U}=\dot{U}_{\mathrm{U}}+\dot{U}_{\mathrm{V}}+\dot{U}_{\mathrm{W}}=0$$

注意

三相电源连成三角形时，如果连接正确电源内部回路电压和为零，回路中的电流也为零；假如连接不正确，其中有一相接反，三相电压之和不为零，这时的回路电压的大小是相电压的2倍，回路中产生足以造成损坏三相绕组的短路电流，所以在将三相电源连成三角形时要注意。

在实际中可用测量的方法来确定连接正确与否，首先把三相电源连成一个开口三角形，测量开口端的电压，若电压为零，说明联接是正确的，若电压不为零，说明联接不正确，需要重新联接，如图6.10所示。三角形联接一般出现在变压器的三相绕组中。

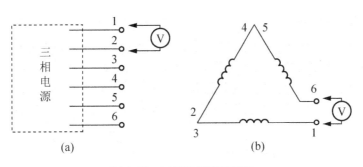

图 6.10　三相绕组联接测量

6.1.3　三相负载的联接

三相负载是由 3 个单相负载按照一定的规律连接组合起来的。常见的三相交流电路中的负载有动力负载(如三相电动机,如图 6.11 所示)、电热负载(如三相电炉)和照明负载(如白炽灯、日光灯等)。

图 6.11　三相异步电动机

为了和三相电源相对应,三相负载的始端和末端分别表示为 u_1u_2、v_1v_2、w_1w_2。

三相负载有三相对称负载和三相不对称负载两种。三相对称负载是指三相负载的大小相等、性质相同的负载。三相负载的大小是指负载的阻抗,性质是指负载呈电阻性、感性,还是容性。只有同时符合这两个条件的负载才是三相对称负载。

三相不对称负载是指三相负载的大小不相等或者性质不相同的三相负载。三相负载的对称与不对称,在后面介绍的三相电路的分析中进行了区分。

三相负载究竟采用哪种接法,由电源电压、负载的额定电压和负载的运行特点决定。例如接一个三相电动机,要依据电源电压及电动机的铭牌要求,如图 6.12 所示。

图 6.12　电动机铭牌

1. 三相负载的星形接法

如果负载有极性，将每相负载始端和末端区分开来，把 3 个末端连在一起，形成一个点，称为负载的中性点，用 N' 表示。将 3 个始端分别接到三相电源的相线上，若负载没有极性，则可以把任意 3 个端点连到一起作为中性点。以上的这种接法就叫做三相负载的星形接法。把电源的中性点与负载的中性点用导线连接起来，就形成了三相四线制电路，如图 6.13(a)所示。

2. 三相负载的三角形接法

三相负载的三角形联接是指把一相负载的末端与另一相负载的始端相连，构成一个封闭的三角形，再分别将从 3 个端点引出的 3 根端线连接在三相电源的 U、V、W 3 根相线上，就形成了负载的三角形联接，如图 6.13(b)所示。

 思考

① 三相异步电动机定子绕组在接入三相交流电之前必须接成星形（Y）或三角形（△），电动机上有一个接线盒，如图 6.14 所示，每相定子绕组的首尾端全部引到接线盒中，因此打开线盒后通常会看到有 6 个接线端子，其上的标号分别是 U_1、U_2、V_1、V_2、W_1、W_2。试将绕组分别接成星形和三角形。

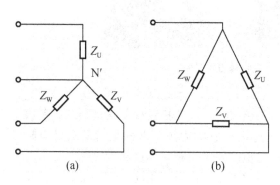

图 6.13 三相负载的星形和三角形联接

图 6.14 电动机接线盒

② 对于图 6.15 所示的三相电源与三相负载的连接电路，你能判断出是哪种联接方式吗？

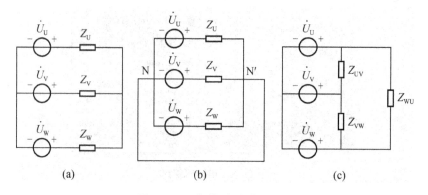

图 6.15 三相电路的联接方式

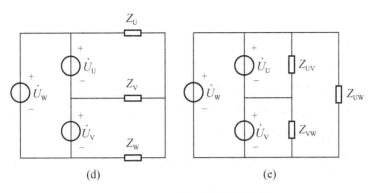

图 6.15　三相电路的联接方式（续）

6.2　对称三相正弦交流电路分析

对称三相正弦交流电路是指三相电源对称，同时三相负载也对称的三相交流电路。在单相交流电路中关于正弦交流电路的基本理论、基本定律和分析方法，对三相交流电路完全适用。但在分析计算对称三相交流电路时，利用对称三相交流电路的特点可以简化三相电路的分析和计算。

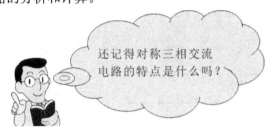

6.2.1　对称负载星形联接时的分析

1. 相电压与线电压的关系

在图 6.16 所示的电路中，若忽略输电线上的阻抗，则三相负载的相电压、线电压和电源的相电压、线电压分别相等。

结论

星形联接的负载线电压和相电压的关系是 $U_L = \sqrt{3} U_P$

2. 相电流与线电流及它们之间的关系

相电流是指每一相负载上流过的电流，而线电流是指每根相线上流过的电流。在星形联接中，每根相线都和相应的每相负载串联，所以线电流等于相电流。

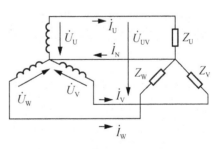

图 6.16　负载对称星形联接电路

总结

星形联接的相电流和线电流相等，$I_L = I_P$

其中，I_L 是线电流有效值，I_P 为相电流有效值。

上式在进行星形联接时对于对称三相负载和不对称三相负载都是成立的。

3. 相电压和相电流之间的关系

以相电压 $\dot{U}_U$ 为参考相量，则各相电源电压的相量可以写成以下形式(有效值为 U_P)

$$\dot{U}_U = U_U \angle 0° = U_P \angle 0°$$

$$\dot{U}_V = U_V \angle(-120°) = U_P \angle(-120°)$$

$$\dot{U}_W = U_W \angle -240° = U_P \angle 120°$$

由于负载对称，因此每相负载的大小及阻抗角都相同，即

$$Z_U = Z_V = Z_W = |Z| \angle \varphi_Z$$

各相负载两端的电压等于相应的电源相电压。参看图 6.16 负载对称星形联接电路图，相电流相量为

$$\dot{I}_U = \frac{\dot{U}_U}{Z_U} = \frac{U_P \angle 0°}{|Z| \angle \varphi_Z} = \frac{U_P}{|Z|} \angle(0° - \varphi_Z) = I_P \angle -\varphi_Z$$

另两相电流相量的计算：

$$\dot{I}_V = \underline{\hspace{8cm}}$$

$$\dot{I}_W = \underline{\hspace{8cm}}$$

 小问答

相电压有效值 U_P 与相电流有效值 I_P 是什么关系？

在负载对称的情况下，相电流是否对称？

4. 中性线上的电流

求出 3 个相电流后，可以把三相负载的中点看成一个节点，根据基尔霍夫电流定律，中性线上的电流是三相电流之和，即

$$\dot{I}_N = \dot{I}_U + \dot{I}_V + \dot{I}_W$$

当三相电路对称时，三相电流也是对称的，所以中性线上的电流为零，即

$$\dot{I}_N = \dot{I}_U + \dot{I}_V + \dot{I}_W = 0$$

说明

中性线在对称电路中不起作用，即使去掉中性线，也不会影响电路的正常工作。

所以，三相负载对称的电路也可以采用三相三线制的联接方式。

 拓展阅读

在实际电网中使用的三相电器的阻抗一般都是对称的，特别是大容量的电气设备总是使三相负载对

称，如三相电动机、三相电炉等。

在电网中也要接入单相负载，如单相电动机、单相照明负载等。单相负载采用三相电中引出一相的供电方式，考虑到使各相的负载平衡，各单相负载均以并联方式接入电路，如大型居民楼的供电，可将所有单相负载平分为 3 组，分别接入 U、V、W 三相电路，如图 6.17 所示。因此，大电网的三相负载可以认为基本上是对称的。在实际应用中高压输电线都采用三相三线制，如图 6.18 所示。

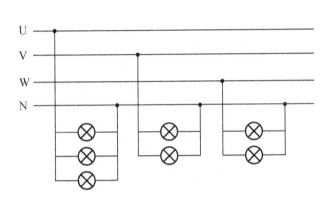

图 6.17 某居民楼照明负载的联接

图 6.18 高压输电线

应用以上的知识分析三相对称交流电路时，因电源和负载都是对称的，所以在计算过程中只要计算一相，另外两相用对称的理论就可以直接写出来。

【例 6.1】 在图 6.16 所示的电路中，有一星形联接的三相对称负载，已知每相电阻 $R=6\Omega$，电感 $L=25.5\text{mH}$，现把它接入线电压 $U_L=380\text{V}$、$f=50\text{Hz}$ 的三相线路中，求通过每相负载的电流和线路上的电流。

解： 因三相负载对称，只要计算其中的一相，另外两相可以根据对称电路的特点直接写出。

设

$$\dot{U}_U=U_P\angle 0°=\frac{380}{\sqrt{3}}\angle 0°=220\angle 0°(\text{V})$$

负载阻抗为

$$Z=R+\text{j}\omega L=6+\text{j}314\times 25.5\times 10^{-3}=10\angle 53.1°(\Omega)$$

U 相电流为

$$\dot{I}_U=\frac{\dot{U}_U}{Z}=\frac{220\angle 0°}{10\angle 53.1°}=22\angle -53.1°(\text{A})$$

则 V 和 W 相电流分别为

$$\dot{I}_V=22\angle -173.1°(\text{A})$$

$$\dot{I}_W=22\angle 66.9°(\text{A})$$

负载采用星形联接时线电流与相电流相等，因此有

$$I_L=I_P=22(\text{A})$$

通常在计算电路时，一般只需计算有效值而无须知道相位角，在这种情况下，可以直接通过"量值"欧姆定律来计算，例如：

$$U_P = \frac{U_L}{\sqrt{3}} = \frac{380}{\sqrt{3}} = 220(\text{V})$$

$$X_L = \omega L = 314 \times 25.5 \times 10^{-3} = 8(\Omega)$$

$$|Z| = \sqrt{R^2 + X_L^2} = \sqrt{6^2 + 8^2} = 10(\Omega)$$

$$I_P = I_L = \frac{U_P}{|Z|} = \frac{220}{10} = 22(\text{A})$$

6.2.2　对称负载三角形联接时的分析

1. 相电压和线电压的关系

当对称三相负载接成三角形时，如图 6.19 所示，因每相负载的两端接在两根电源的相线之间，所以各相负载两端的相电压与电源的线电压相等，即

$$U_L = U_P$$

这个关系无论三相负载是否对称都是成立的。

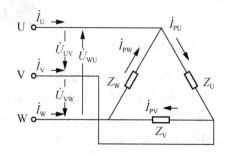

图 6.19　负载对称三角形联接

2. 相电压与相电流的关系

以线电压 $\dot{U}_{UV}$ 为参考相量，则各线电压的相量可以写成以下形式

$$\dot{U}_{UV} = U_L \angle 0°, \ \dot{U}_{VW} = U_L \angle (-120°), \ \dot{U}_{WU} = U_L \angle 120°$$

各相负载的电流相量计算如下

$$\dot{I}_{PU} = \frac{\dot{U}_{UV}}{Z_U} = \frac{U_L \angle 0°}{|Zu| \angle \varphi_U} = \frac{U_L}{|Z_U|} \angle (0 - \varphi_U)$$

$$\dot{I}_{PV} = \frac{\dot{U}_{VW}}{Z_V} = \frac{U_L \angle (-120°)}{|Z_V| \angle \varphi_V} = \frac{U_L}{|Z_V|} \angle (-120° - \varphi_V)$$

$$\dot{I}_{PW} = \frac{\dot{U}_{WU}}{Z_W} = \frac{U_L \angle 120°}{|Z_W| \angle \varphi_W} = \frac{U_L}{|Z_W|} \angle (120° - \varphi_W)$$

若三相负载对称，并且其表达式如下

$$Z_U = Z_V = Z_W = Z = |Z| \angle \varphi_Z$$

则三相电流可写成以下形式

$$\dot{I}_{PU} = \frac{\dot{U}_{UV}}{Z_U} = \frac{U_L \angle 0°}{|Z| \angle \varphi_Z} = I_P \angle (0 - \varphi_Z)$$

$$\dot{I}_{PV}=\frac{\dot{U}_{VW}}{Z_V}=\frac{U_L\angle(-120°)}{|Z|\angle\varphi_Z}=I_P\angle(-120°-\varphi_Z)$$

$$\dot{I}_{PW}=\frac{\dot{U}_{WU}}{Z_W}=\frac{U_L\angle120°}{|Z|\angle\varphi_Z}=I_P\angle(120°-\varphi_Z)$$

可见,三相负载对称时,负载上的相电流也对称,即大小相等、相位彼此相差120°。相电流与对应线电压之间的相位差等于负载的阻抗角,即

$$\varphi_Z=\arctan\frac{X}{R}$$

3. 相电流与线电流的关系

在负载的三角形接法中,根据基尔霍夫电流定律,可得到相电流与线电流的关系如下

$$\dot{I}_U=\dot{I}_{PU}-\dot{I}_{PW},\quad \dot{I}_V=\dot{I}_{PV}-\dot{I}_{PU},\quad \dot{I}_W=\dot{I}_{PW}-\dot{I}_{PV}$$

以上关系表明,线电流的相量等于相应两个相电流相量之差。三相负载进行三角形联接时,不论三相负载对称与否,上式都是成立的。

因为3个相电流是对称的,所以3个线电流也是对称的。

线电流与相电流关系如下。

(1) 相位:线电流比相应相电流滞后30°。

(2) 大小:线电流等于相电流的$\sqrt{3}$倍。

例如,$\dot{I}_U=\dot{I}_{PU}-\dot{I}_{PW}=I_P\angle(0-\varphi_Z)-I_P\angle(120°-\varphi_Z)=\sqrt{3}\dot{I}_{PU}\angle-30°$。

【例6.2】 在如图6.20所示的电路中,有两组对称三相负载,星形联接的负载阻抗为$Z_1=(12+j16)\Omega$,三角形联接的三相负载阻抗为$Z_2=(48+j36)\Omega$,每根导线上的阻抗为$Z_L=(1+j2)\Omega$,电源的线电压为380V。计算各相负载的相电流、线电流及各相负载的功率。

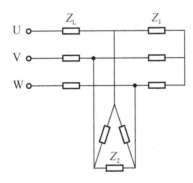

图6.20 例6.2图(1)

解: 设电源采用星形联接,则有

$$\dot{U}_U=U_P\angle0°=220\angle0°(V)$$

把三角形联接的三相负载等效变化为星形联接的负载,如图6.21(a)所示。

$$Z_2'=\frac{Z_2}{3}=\frac{48+j36}{3}=16+j12(\Omega)$$

画出一相(U相)的电路图,如图6.21(b)所示。

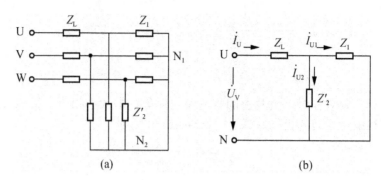

图 6.21　例 6.2 图(2)

该相的总阻抗为

$$Z=\frac{Z_1\times Z_2'}{Z_1+Z_2'}+Z_L=(1+j2)+\frac{(12+j16)(16+j12)}{(12+j16)+(16+j12)}$$
$$=(8.14+j9.14)=12.25\angle48.4°(\Omega)$$

$$\dot{I}_U=\frac{\dot{U}_U}{Z}=\frac{220\angle0°}{12.25\angle48.4°}=17.96\angle-48.4°(A)$$

$$\dot{I}_{U1}=\frac{Z_2'}{Z_1+Z_2'}\dot{I}_U=\frac{16+j12}{(12+j16)+(16+j12)}\times17.96\angle-48.4°$$
$$=9.06\angle-56.5°(A)$$

$$\dot{I}_{U2}=\frac{Z_1}{Z_1+Z_2'}\dot{I}_U=\frac{12+j16}{(12+j16)+(16+j12)}\times17.96\angle-48.4°(A)$$
$$=9.06\angle-40.3°(A)$$

进行三角形联接时根据对称特点可得负载 Z_2 的相电流为

$$\dot{I}_{UV2}=\frac{1}{\sqrt{3}}\dot{I}_{U2}\angle30°=\frac{1}{\sqrt{3}}\times9.06\angle-40.3°\times\angle30°=5.23\angle-10.3°(A)$$

其他各相电流可按对称情况类推如下

$$\dot{I}_V=17.96\angle-168.4°(A),\quad \dot{I}_W=17.96\angle71.6°(A)$$

$$\dot{I}_{V1}=9.06\angle-176.5°(A),\quad \dot{I}_{W1}=9.06\angle63.5°(A)$$

$$\dot{I}_{VW2}=5.23\angle-130.3°(A),\quad \dot{I}_{WU2}=5.23\angle109.7°(A)$$

星形联接负载的功率为

$$P_1=3R_1I_{U1}^2=3\times12\times9.06^2=2\ 955(W)$$

三角形联接负载的功率为

$$P_2=3R_2I_{UV2}^2=3\times48\times5.23^2=3\ 940(W)$$

电源的功率为

$$P=3U_PI_P\cos\varphi=3\times220\times17.96\cos48.4°=7\ 870(W)$$

拓展阅读

　　三相异步电动机三绕组对称，当电动机直接启动时启动电流很大，为了降低启动时的启动电流，在启动电动机时先减小加在定子绕组上的电压，以减小启动电流；等转子转速接近额定转速时，再将电压恢复到额定值，使电动机进入正常工作状态，这个启动过程称为降压启动。

Y—△启动是常用的降压启动方法，即启动时将电动机三相绕组接成星形，降低启动电压，运行时接成三角形，使电动机全压运行。这种降压启动方法适用于正常运行时为△形接法的电动机。

6.2.3 三相不对称电路的简单分析

三相不对称电路在一般情况下，三相电源是对称的，除非电源发生故障(如电源短路或断路)，会出现不对称。常见的不对称电路都是指负载不对称的情况。当电路出现不对称时，一般只考虑以下两种情况下的不对称，一是仅有静负载(不是三相电动机这样的动负载)，二是电源内部的电压降忽略不计。

三相不对称电路不能用三相对称电路的方法来分析，可以用节点电压法首先求出节点电压 $\dot{U}_{NN}$，再分别求出各相负载上的电压 $\dot{U}_{UN'}$、$\dot{U}_{VN'}$、$\dot{U}_{WN'}$，然后根据负载的不同接法(三角形或星形)分析不同的电路。值得注意的是，这时的中线阻抗不能忽略，中线电压也不为零。在如图 6.22 所示的电路中，电源的电压分别为 $\dot{U}_U$、$\dot{U}_V$、$\dot{U}_W$，三相负载的阻抗分别为 Z_U、Z_V、Z_W，中线的阻抗为 Z_N。

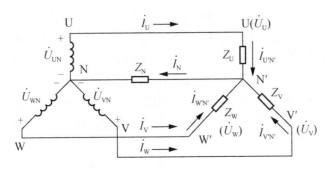

图 6.22 三相不对称电路

应用弥尔曼定理得到负载中性点的电压为

$$\dot{U}_{N'N}=\frac{Y_U\dot{U}_U+Y_V\dot{U}_V+Y_W\dot{U}_W}{Y_U+Y_V+Y_W+Y_N}$$

因三相电路不对称，这时 $U_{N'N}\neq 0$，说明电源的中性点和负载的中性点的电位不相同。三相负载的电压为

$$\dot{U}_{UN'}=\dot{U}_U-\dot{U}_{N'N}, \quad \dot{U}_{VN'}=\dot{U}_V-\dot{U}_{N'N}, \quad \dot{U}_{WN'}=\dot{U}_W-\dot{U}_{N'N}$$

按照电源的相量和负载的相量，根据 $U_{N'N}$ 的大小和相位角就可以画出电源电压和负载电压的相量图，如图 6.23 所示($\dot{U}_{N'N}$ 的相量是以电源中 U 相为参考相量画出的，图中 $\dot{U}_{N'N}$ 的大小和方向是任意假定的)。

由电源和负载的相量图可以看出，当三相负载不对称时，各相负载的电压会出现不平衡，有一相的电压升高，有一相的电压降低，如果电压相差过大就会给负载带来不良的后果。例如，对于照明负载，由于灯泡的额定电压是一定的，当某一相的电压过高时，灯泡就要被

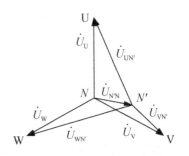

图 6.23 三相不对称电路相量图

烧坏，而当某一相电压过低时灯泡的亮度又会显得不足。这是由于中性点的偏移而引起的，三相负载越不平衡，中性点的偏移就越大，各相负载的电压相差就越大。

为什么电源的总中线上不准安装熔断器？

中性点的偏移大小还与中线阻抗大小有关，如果是三相三线制，即没有中线，这相当于 $Z_N = \infty$，这时中性点位移最大，是最严重的情况。如 $Z_N = 0$，这时没有中性点位移。当中线不长且导线较粗时，就接近这种情况。这时尽管负载不对称，由于中线阻抗很小，强迫负载中性点电位接近于电源中性点电位，从而使各相负载电压接近于对称。因此，在照明电路中必须采用三相四线制，同时中线连接应可靠，并具有一定的机械强度，故规定总中线上不准安装熔断器(俗称保险丝)或开关。

不对称负载原则上也可进行三角形联接，线路阻抗不大时，负载差不多承受不变的电源线电压。但低压电源的线电压多为 380V，而电灯、电风扇等用电设备的额定电压为 220V，所以都采用有中线的星形接法。至于三相电动机，因为三相都是对称的，所以不需要接中线，与电源电压相配合，它可以作星形或三角形联接。

【例6.3】 图 6.24(a)所示的电路是一个相序测定器。其中 U 相接入电容，V、W 相接入瓦数相等的灯泡。设 $1/\omega C = R = 1/G$，三相电源是对称电压，试根据两个灯泡的电压确定相序。

解： 这是一个三相不对称电路，按照不对称电路的分析方法，首先计算 $U_{N'N}$，然后确定 $U_{VN'}$、$U_{WN'}$，根据计算得到的 V 相和 W 相的电压的大小和实际中两个灯泡的亮度确定相序。

设 $\dot{U}_U = U_P \angle 0° \text{V}$，则有

$$\dot{U}_{N'N} = \frac{j\omega C \dot{U}_U + G \dot{U}_V + G \dot{U}_W}{j\omega C + 2G} = \frac{j U_P \angle 0° + U_P \angle -120° + U_P \angle 120°}{j + 2}$$

$$= (-0.2 + j0.6)U_P = 0.63 U_P \angle 108° \text{(V)}$$

$$\dot{U}_{VN'} = \dot{U}_V - \dot{U}_{N'N} = U_P \angle -120° - (-0.2 + j0.6)U_P$$

$$= 1.5 U_P \angle 102° \text{(V)}$$

所以有

$$U_{VN'} = 1.5 U_P$$

同样可得

$$\dot{U}_{WN'} = \dot{U}_W - \dot{U}_{N'N} = U_P \angle 120° - (-0.2 + j0.6)U_P = 0.4 U_P \angle 138° \text{(V)}$$

所以有

$$U_{WN'} = 0.4 U_P$$

根据上述结果可以判断，若设电容器所接的为 U 相，则灯泡较亮的为 V 相，灯泡较暗的为 W 相。图 6.24(b)为相序测定器相量图，根据所画的相量图就可断定 $U_{VN'} > U_{WN}$。

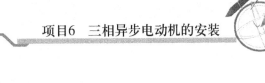

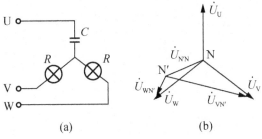

图 6.24　例 6.3 图

【例 6.4】　在图 6.25(a)所示的电路中，三相电源电压对称，感性对称负载采用星形联接，试用图形分析：(1)U 相负载短路时各相电压的变化情况。(2)U 相负载开路时各相电压的变化情况。

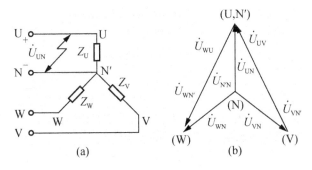

图 6.25　例 6.4 图(1)

解：正常时三相电压的相量图是一个正三角形，顶点为 U、V、W，中心为 N，如图 6.25(b)所示。设 $\dot{U}_U = U_P \angle 0°$。

(1) 图 6.25(a)为 U 相短路时的电路与相量图，从图 6.25(a)所示的电路中可以看出，由于 U 相短路，负载中点 N′直接连接到 U，N′与 U 点电位相同。所以在图 6.25(b)所示的相量图中，N′点位置与 U 点重合，各相负载的电压可由图中直接得出，分别为

$$\dot{U}_{UN} = 0, \quad \dot{U}_{VN} = \dot{U}_{VU} = \sqrt{3}U_P \angle(-150°), \quad \dot{U}_{WN} = \dot{U}_{WU} = \sqrt{3}U_P \angle 150°$$

可见，当 U 相负载电压为零(短路时)，V、W 相负载的电压升高到正常电压的$\sqrt{3}$倍。

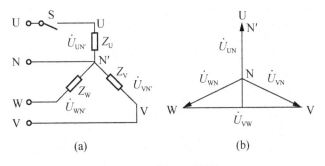

图 6.26　例 6.4 图(2)

(2) 图 6.26 为 U 相开路时的电路与相量图，从图中可以看出，U 相开路后，电路变

成 V、W 相的串联，承受的电压为线电压 U_{VW}。因为 V、W 相的阻抗相等，所以 N′ 在图中的位置是在 V、W 的中点上。U 相负载断开处的电压和 V、W 相的电压可由相量图直接得出，分别为

$$\dot{U}_{UN}=\frac{3}{2}U_P\angle 0°$$

$$\dot{U}_{VN}=\frac{\sqrt{3}}{2}U_P\angle -90°$$

$$\dot{U}_{WN}=\frac{\sqrt{3}}{2}U_P\angle 90°$$

6.2.4 三相电路功率的计算

1. 三相功率的一般关系

在三相交流电路中，无论负载采用星形联接还是三角形联接，负载是否对称，三相电路的有功功率都等于各相负载的有功功率之和，即

$$P=P_U+P_V+P_W$$

或

$$P=U_UI_U\cos\varphi_U+U_VI_V\cos\varphi_V+U_WI_W\cos\varphi_W$$

式中，U_U、U_V、U_W 是各相的相电压；I_U、I_V、I_W 是各相的相电流；$\cos\varphi$ 是各相的功率因数。

三相电路的无功功率等于各相负载的无功功率之和，即

$$Q=Q_U+Q_V+Q_W=U_UI_U\sin\varphi_U+U_VI_V\sin\varphi_V+U_WI_W\sin\varphi_W$$

三相电路的视在功率为

$$S=\sqrt{P^2+Q^2}$$

2. 三相对称电路的功率

在三相电路中，如三相负载是对称的，则三相电路的总有功功率等于每相负载上消耗的有功功率的 3 倍，即

$$P=3P_P=3U_PI_P\cos\varphi$$

式中，φ 是相电压 U_P 与相电流 I_P 的相位差。

在实际应用中，负载有星形与三角形两种连接方法，同时三相电路中的线电压和线电流的数值比较容易测量，所以一般用线电压和线电流来表示三相电路的功率。

当三相对称负载是星形联接时

$$U_L=\sqrt{3}U_P,\quad I_L=I_P$$

当三相对称负载是三角形联接时

$$U_L=U_P,\quad I_L=\sqrt{3}I_P$$

所以，不论是星形联接还是三角形联接，将上述关系代入，则得

$$P=\sqrt{3}U_LI_L\cos\varphi$$

上式中的 φ 角仍为相电压 U_P 和相电流 I_P 的相位差，即负载阻抗的阻抗角。

同理可得，三相电路的无功功率和视在功率分别为

$$Q=3U_PI_P\sin\varphi=\sqrt{3}U_LI_L\sin\varphi$$

$$S = 3U_P I_P = \sqrt{3} U_L I_L$$

三相负载的总功率因数为

$$\lambda = \frac{P}{S}$$

【例 6.5】　有一个三相对称感性负载，其中每相的 $R = 12\Omega$、$X_L = 16\Omega$，接在 $U_L = 380V$ 的三相对称电源上。

（1）若负载采用星形联接，计算 I_L、I_P 及 P。

（2）如负载接成三角形联接，再计算上述各量，并比较两种接法的结果。

解： 因三相电源和三相负载对称，所以根据对称电路的特点，只要计算一相，另两相就可以根据对称关系直接写出。

（1）当三相负载接成星形时，有

$$U_P = \frac{U_L}{\sqrt{3}} = \frac{380}{\sqrt{3}} = 220(V)$$

$$|Z| = \sqrt{R^2 + X^2} = \sqrt{12^2 + 16^2} = \sqrt{144 + 256} = 20(\Omega)$$

$$I_P = \frac{U_P}{|Z|} = \frac{220}{20} = 11(A)$$

$$I_L = I_P = 11(A)$$

$$P = 3 \times I^2 \times R = 3 \times 11^2 \times 12 = 3 \times 1452 = 4356(W)$$

（2）当负载为三角形接法时，因线电压和相电压相等，所以

$$I_P = \frac{U_P}{|Z|} = \frac{380}{20} = 19(A)$$

$$I_L = \sqrt{3} \times I_P = 19 \times \sqrt{3} = 32.8(A)$$

$$P = 3 \times I^2 \times R = 3 \times 19^2 \times 12 = 3 \times 4332 = 12996(W)$$

可见，采用三角形接法时由于每相负载的电压升高，所以有功功率增大。

结论

接在同一三相电源上的同一三相对称负载，当其联接方式不同时，其三相有功功率是不同的，接成三角形的有功功率是接成星形的 3 倍，即 $P_\Delta = 3P_Y$。

3. 三相功率的测量

在实验室里或工程上，除用三相功率表测量三相功率外，一般也可用单相功率表来测量三相功率，其测量方法有一表法、两表法和三表法。

（1）一表法：在三相对称负载电路中，若三相负载是对称的，则每相负载的功率都相等，这时可以用一个表测量其中任一相负载的功率，将结果乘以 3，就是三相负载的总功率。一表法接线图如图 6.27 所示。

（2）两表法：两表法常用来测量三相对称或不对称负载的功率，尤其是对于中性点不外露的采用星形联接或是端点不易打开的三角形联接的负载最为方便。正确的接法是把两个功率表的电流线圈串接在任意两根相线中，两个电压线圈同时接在未接表的一根相线上，如图 6.28 所示。

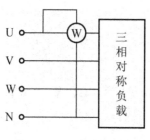

图 6.27　一表法测功率

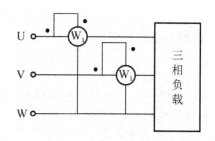

图 6.28　两表法测功率

（3）三表法：这种方法用于测量三相四线制不对称负载的功率，测量时把 3 个表分别接在被测量的每相电路中，如图 6.29 所示，3 个表的读数加起来就是三相负载的总功率。

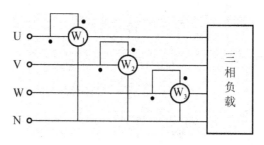

图 6.29　三表法测功率

6.3　安　全　用　电

6.3.1　触电事故

触电是泛指人体触及带电体，有电流流过人体。触电时电流会对人体造成各种不同程度的伤害。触电事故分为两类：一类称为"电击"；另一类称为"电伤"。所谓电击，是指电流通过人体时所造成的内部伤害，它会破坏人的心脏、呼吸及神经系统的正常工作，甚至危及生命。电伤是指由于电流效应引起对人体外部的伤害，如皮肤的灼伤、电烙印等。

根据欧姆定律，触电电流等于加在人体上的电压除以人体电阻。一般来说，工频电流 10mA 以下和直流电流 50mA 以下流过人体时，人能摆脱电源，危险性不太大，但时间过长同样有危险。

1. 安全电压

通过人体的电流大小和电压有关，电压越高，通过人体的电流越强。经验证明，对于人体来说，低于 36V 的电压是安全的，故把 36V 的电压作为安全电压。照明电路和动力电路的电压都比 36V 高得多，因此，在这些情况下，必须防止发生触电事故。国际电工委员会规定接触电压的限定值为 50V，并规定在 25V 以下时，不需要考虑防止电击的安全措施。我国规定的安全电压等级有 42V、36V、24V、12V、6V 这 5 个等级。

特别提示

不能认为安全电压就是绝对安全的，如果人体在汗湿、皮肤破裂等情况下长时间触及电源，也可能发生严重的电击伤害。

2. 人体电阻

人体电阻越大，通过人体的电流越小。人体电阻主要是皮肤电阻，皮肤干燥时，人体电阻可达 $10^4 \sim 10^6 \mathrm{k\Omega}$，若皮肤潮湿，人体电阻急剧下降，约为 1000Ω。

6.3.2 触电形式

经常发生的触电形式有：①单相触电；②两相触电；③跨步电压触电；④接触电压触电；⑤雷击触电。

1. 单相触电

人体接触一根火线造成的触电称为单相触电。单相触电又分为两种：中性点接地电网的单相触电，如图 6.30 所示；中性点不接地电网的单相触电，如图 6.31 所示。

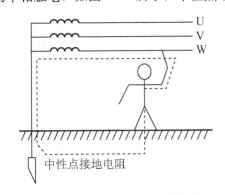

图 6.30 中性点接地电网的单相触电

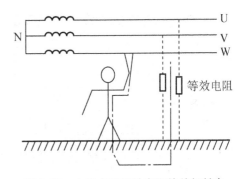

图 6.31 中性点不接地电网的单相触电

（1）中性点接地的三相供电系统，若人体触及电网，相电压为 220V，如图 6.30 所示，则电流通过人体—大地—中性点接地电阻—中性点形成闭合回路，此时流过人体的触电电流为

$$I_\mathrm{P} = \frac{U_\mathrm{P}}{R_0 + R_人} \approx \frac{U_\mathrm{P}}{R_人}(R_0 即中点接地电阻)$$

 特别提示

接地通常用专用钢管或钢板深埋大地中，并与中性点牢固相接，中点接地电阻不大于 4Ω。

若地面潮湿且人未穿绝缘性能良好的鞋子，人体电阻约为 1000Ω，此时计算得到触电电流约为 220mA，远远高于 50mA，非常危险。在已经发生的人体触电事故中，这种触电方式占大多数。例如，由于开关、灯头、电动机或其他设备绝缘损坏等发生的触电都属于中性点接地电网的单相触电。

（2）中性点不接地的三相供电系统，当人体接触一根火线时，如图 6.31 所示，触电电流通过人体－大地－对地绝缘电阻－线路形成两条闭合回路。绝缘电阻主要指空气阻抗、分布电容，如果线路绝缘良好，则空气阻抗、容抗很大，人体承受的电流就比较小，一般不会发生危险。

2. 两相触电

人体的两个部位同时接触两根火线造成的触电为两相触电，如图 6.32 所示。当人体同时触及两相火线，如图 6.32(a)所示，电流经一相火线－人体－另一相火线－中性点构成闭合回路，触电电流约为 380mA。当人体不同部位同时触及一根火线和一根零线时，如图 6.32(b)所示，电流经一相火线－人体－零线－中性点构成闭合回路，触电电流约为 220mA。

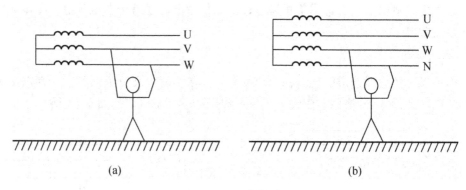

(a)　　　　　　　　(b)

图 6.32　两相触电

3. 跨步电压触电

当一根带电导线断落在地上或运行中的电气设备绝缘损坏漏电时，电流会以导线落地点或设备接地体为圆心向大地流散，在半径 20m 的圆面积内形成分布电场，当人进入此范围时，两脚之间的电位不同，形成跨步电压，如图 6.33 所示。

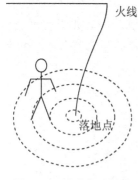

火线

落地点

图 6.33　跨步电压触电

🔲 **小知识**

一旦不小心步入断线落地区且感觉到跨步电压时，应赶快把双脚并在一起或用一条腿跳着离开断线落地区。当必须进入断线落地区救人或排除故障时，应穿绝缘靴。

4. 接触电压触电

人站在发生接地短路故障设备旁边，触及漏电设备的外壳时，手、脚之间所承受的电压引起的触电称为接触电压触电。家用电器引起的触电事故通常都是接触电压触电。

6.3.3　安全防范措施

在供电系统中，对用电设备采用保护接地和保护接零的方法防止设备漏电，这也是防止触电事故发生的有效手段。

1. 保护接地

在电源中性点不接地的供电系统(三相三线制)中，将用电设备外壳与大地用接地体或导线进行可靠连接，一旦设备的绝缘损坏，设备外壳带电其电位也基本为零，人触及设备外壳时，流经人体的电流很小。

2. 保护接零

在动力和照明用的低压系统中，即电源中性点接地的供电系统(三相四线制)中，保护接地的作用不是很完善，应将电器设备外壳与中性线连接。若有一相线发生事故，相线与中性线之间的瞬时电流将保险丝熔断，起到保护作用。

在同一配电系统中，不允许一部分设备采用保护接地，另一部分设备采用保护接零。

　小知识

对一般家庭而言只有单相交流电源，配线方式一般采用单相三线制，即一根相线、一根工作零线、一根保护地线，单相3孔插头示意图如图6.34所示，采用"左零右火，上保护"的原则接线。

三相用电设备保护线一端接在设备保护端子或外壳上，另一端接在插头接地端子上，此端都标有接地符号或标注，如图6.35所示。

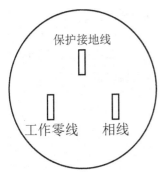

图6.34　单相3孔插头示意图

图6.35　三相4孔插头示意图

项 目 小 结

目前发电及供电系统都采用三相交流电，三相交流电多用于企业和工厂等。三相异步电动机接入电路中时需要考虑三相电相序(改变电动机正反转)、电动机绕组连接方式等。本项目中涵盖的知识点如下。

1. 频率相同、大小相等、相位彼此相差120°的3个正弦交流量(电压、电流或电动势)统称为三相对称交流电。

2. 三相电源有星形联接和三角形联接两种方式；电源采用星形联接时，线电压的有效值等于相电压有效值的$\sqrt{3}$倍。当电源采用三角形联接时，线电压有效值和相电压有效值相等。

3. 三相负载同样有星形联接和三角形联接两种方式。若三相对称负载采用星形联接，负载线电压的有效值等于相电压有效值的 $\sqrt{3}$ 倍，线电流等于相电流；若三相对称负载三角形联接，负载线电压等于相电压，线电流有效值等于相电流有效值的 $\sqrt{3}$ 倍。

4. 对称三相电路可化为 $\curlyvee$ — $\triangle$ 接线，负载中性点对电源中性点电压 $U_{N'N}=0$，中线不起作用，相互独立性，可以归结为一相的计算，单独画出一相的电路进行计算，然后按照对称的方法计算另两相。

5. 对只有静负载的三相不对称电路，一般用弥尔曼定理求负载中性点的电压。根据图形可直观地求得 $U_{N'N}$ 的值，然后再求取其他电量。

6. 三相负载的功率分有功功率、无功功率和视在功率，可以通过计算或测量的方法获得。

思考题与习题

6.1　三相电路在什么情况下产生负载的中性点位移？当中线阻抗为 Z_N 时，是否一定会产生中性点的位移？中性点的位移对负载的相电压有何影响？

6.2　有一星形联接的三相负载，每相电阻为 10Ω，感抗为 8Ω。电源电压对称，设 $\dot{U}_U=220\angle 0°$。试求电流 I_P、I_L，并画相量图。

6.3　有一三相对称负载，每相的电阻 $R=8\Omega$，$X_L=6\Omega$，如果负载采用星形联接，接到 $U_L=380V$ 的三相电源上，求负载的相电流、线电流及有功功率。

6.4　一个三相异步电动机，其绕组连成三角形接于 $U_L=380V$ 的三相电源上，从电源取用的功率 $P=11.43kW$，功率因数 $\cos\varphi=0.87$，试求电动机的相电流和线电流。

6.5　$\curlyvee$ 形联接负载的 $Y_U=-jG$，$Y_V=Y_W=G$，接到三相电源时，试求 V、W 两个电阻上电压的比值，并作相量图。

项目 **7**

延时灯开关电路的分析

知识目标	了解动态电路和动态过程的含义及特点 理解换路定律 理解零输入响应和零状态响应 掌握一阶电路的三要素方法 掌握电路初始值的求法、零输入响应、零状态响应、全响应的概念和物理意义
能力目标	能描述一阶电路的零输入响应，零状态响应和全响应的规律和特点 能正确计算时间常数和电路响应，分析响应曲线 能利用仿真软件测量时间常数 能够正确分析 RC、RL 电路，选择合适的动态元件设计电路

引例

电容储能式点焊机如图 7.1(a)所示，它利用电容储存能量而在瞬时释放出电流，同时集中大电流穿过小面积点，而达到熔接效果，焊接过程在几千分之一秒内完成，其间通过数千安培电流，常用于焊接低碳钢、不锈钢、镍铬丝和其他导电、导热性好的金属。

电容储能式点焊机工作原理如图 7.1(b)所示，它利用电容器 C 充电，达到所需电压后，电容器 C 通过焊接变压器 T 的一次绕组放电，使点焊机焊头动作，放电结束则完成一次点焊过程。由于焊接回路的电阻很小，因此，放电电流很大，产生的瞬时热量多。电阻器 R 用于控制充电电流和充电时间。

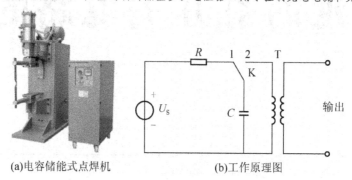

(a)电容储能式点焊机　　　　　　　　(b)工作原理图

图 7.1　电容储能式点焊机及工作原理图

此外，上述能产生短时间大电流脉冲的 RC 电路还应用于照相闪光灯、雷达发射管等装置中。类似的 RL 电路有什么特点？这些含有电感、电容动态元件的电路该如何分析呢？

7.1　换路定律与初始值的计算

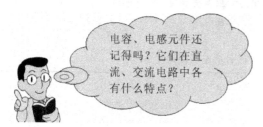

电容在直流稳态电路中相当于开路，电感在直流稳态电路中相当于一条导线，这时的电路处于稳定状态。如果电路的结构、元件参数或电源发生了变化，电路中的电压与电流也会发生相应的变化，但最后又将趋于另一个稳定状态。

包含电容或电感元件的电路，从一个稳定状态到另一个稳定状态需要经历一段时间，这一个阶段称之为过渡过程。在这个过渡过程中，电路中电流、电压均在不断的变化当中，因此过渡过程也称为动态过程，这种电路也常被称为动态电路。

凡是伴随着能量变化的过程都不能突然完成。例如，车辆启动(动能增加)、物体降温(热能减小)等都要一定的时间，也就是说能量只能发生连续的变化，而不能突变。

我们知道，电感元件上的电流 i_L 与它所存储的磁场能量 W_L 有着对应关系，即 $W_L = \frac{1}{2}Li_L^2$；电容元件两端的电压 u_C 也与它所存储的电场能量 W_C 有着对应关系，即 $W_C = \frac{1}{2}Cu_C^2$；因为磁场、电场能量不能发生突变，流过电感的电流不能突变，电容两端的电压不能突变，这也是分析过渡过程的重要原则。

7.1.1 换路定律

换路：引起过渡过程的电路变化称为换路，如电路的接通、断开、元件参数的变化、电路联接方式的改变以及电源的变化等。如图 7.2 所示，开关 S 从 1 换至 2 位置即电路发生换路。

换路后的一瞬间流过电感的电流和电容两端的电压都应保持换路前一瞬间的值，不能发生突变，电路换路后，就以此值作为初始值，进行连续变化，直至达到新的稳定值。这就是换路定律。

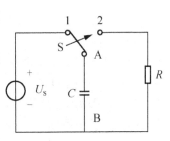

图 7.2 换路

换路定律（换路条件）：

换路前后瞬间电容电压和电感电流不能突变。

一般认为，换路是在瞬间完成的，并把换路的瞬间作为计算时间的起始点，记为 $t=0$，而把换路前的瞬间记为 $t=0_-$，换路后的瞬间记为 $t=0_+$。这样就可以用公式来表示换路定律，即

$$u_C(0_+)=u_C(0_-)$$
$$i_L(0_+)=i_L(0_-)$$

思考

换路定律实质上是"能量不能突变"这一自然规律在电容和电感上的具体反映。观察图 7.3 电路，若输入方波信号，根据换路定律，输出波形是怎样（输入信号周期远远大于 RC）？

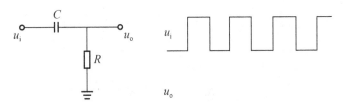

图 7.3 思考图

特别提示

换路瞬间流过电容的电流、电感两端的电压以及电路中其他部分的电流和电压是否发生突变，要根据电路的具体情况而定，它们不受换路定律的约束。

7.1.2 初始值的计算

初始值是指电路在换路后的最初瞬间各部分的电流 $i(0_+)$、电压 $u(0_+)$。电路在过渡过程中各部分的电压和电流就是从这些初始值开始变化的，因此，我们要分析过渡过程就得先确定初始值。

确定初始值方法:

(1) 确定换路前电路中电容两端的电压 $u_C(0_-)$ 和电感上的电流 $i_L(0_-)$。

(2) 由换路定律求出电容两端的电压初始值 u_C 和电感上的电流初始值 $i_{L(0_+)}$。

(3) 再画出电路在换路后瞬间($t=0_+$)的等效电路。

(4) 然后根据 $u_C(0_+)$ 和 $i_L(0_+)$,并结合欧姆定律和基尔霍夫定律 KCL、KVL 进一步求出其他参量的初始值。

在画等效电路时应该指出,如果动态元件在换路前未储能,则在换路后瞬间 $u_C(0_+)$ 和 $i_L(0_+)$ 均为零,即电容相当于短路,电感相当于开路;如果动态元件在换路前已经储能,则在换路后瞬间 $u_C(0_+)$ 和 $i_L(0_+)$ 保持其在换路前的数值不变,即在 $t=0_+$ 的瞬间,电容相当于一个端电压等于 $u_C(0_+)$ 的电压源,电感相当于一个电流为 $i_L(0_+)$ 的电流源。

【例 7.1】 如图 7.4(a)所示电路,已知 $R_1=4\Omega$、$R_2=2\Omega$、$R_3=6\Omega$、$U_S=12V$,电路原来处于稳定状态,在 $t=0$ 时开关 S 闭合,求初始值 $u_C(0_+)$、$i_C(0_+)$ 和 R_2 两端电压 $u_2(0_+)$。

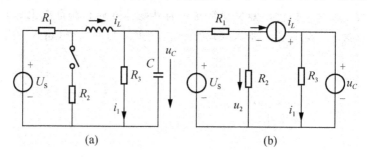

(a)   (b)

图 7.4 例 7.1 图

解: 由于在换路前电路处于稳定状态,因此电感 L 短路,电容 C 开路。所以换路前瞬间 $t=0_-$ 时有

$$i_L(0_-)=\frac{U_S}{R_1+R_3}=\frac{12}{4+6}=1.2(A)$$

$$u_C(0_-)=i_L(0_-)\times R_3=1.2\times6=7.2(V)$$

由换路定律可得

$$u_C(0_-)=u_C(0_+)=7.2(V)$$

$$i_L(0_-)=i_L(0_+)=1.2(A)$$

因此,换路后瞬间 $t=(0_+)$ 的电路可画成 7.4(b)所示。求解电路可得

$$i_1(0_+)=\frac{u_C(0_+)}{R_3}=\frac{7.2}{6}=1.2 \ (A)$$

$$i_C(0_+)=i_L(0_+)-i_1(0_+)=1.2-1.2=0$$

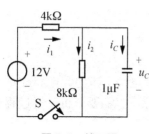

图 7.5 练习图

$$u_2 = u_2(0_+) = 2.4 \text{ （V）}$$

练习：

在图 7.5 所示电路中，在 $t=0$ 时开关 S 闭合，求开关闭合瞬间各支路电流及电容两端的电压值。

7.2 一阶电路的全响应

电路中只有一个储能元件，即含有一个独立的电容元件或一个独立的电感元件，其他部分由电阻和独立电源构成，所列的方程是一阶常系数方程，我们把这种可用一阶微分方程描述的电路叫做一阶动态电路，而称储能元件电容器和电感器为动态元件。

如果电路中的动态元件原先已经储能，如图 7.6 所示电容已充电，其两端电压为 U_C，$t=0$ 时将开关 S 合上，过渡过程分析起来是不是很复杂呢？又该如何进行分析？这就是我们这一节所要讨论的全响应。

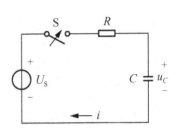

图 7.6 一阶 RC 电路全响应

7.2.1 实训：一阶电路全响应的认识

1. 训练目的

了解一阶电路全响应过程。

理解不同情况下全响应曲线。

2. 任务实施

（1）在 multisim 软件中绘制仿真电路如图 7.7 所示，取 $U_{S1}=10V$、$U_{S2}=5V$，电路稳定后变换开关位置，过渡过程开始，用示波器观察电容电压变化情况，在图 7.8 中绘制变化波形。

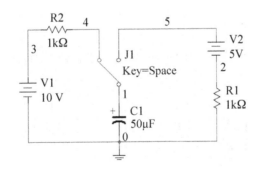

图 7.7 一阶电路全响应仿真电路

（2）取 $U_{S1}=10V$、$U_{S2}=10V$，绘制过渡过程电容电压变化波形，在图 7.8 中绘制变化波形。

（3）取 $U_{S1}=10V$、$U_{S2}=15V$，绘制过渡过程电容电压变化波形，在图 7.8 中绘制变化波形。

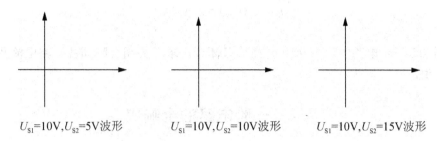

$U_{S1}=10V, U_{S2}=5V$波形 $U_{S1}=10V, U_{S2}=10V$波形 $U_{S1}=10V, U_{S2}=15V$波形

图7.8 绘制全响应电容电压变化波形图

总结： 根据 U_{S1} 和 U_{S2} 的值，把电路分成以下三种情况来讨论

(1) 若 $U_{S1}>U_{S2}$，则在过渡过程中 $i>0$，电流始终流向电容的正极板；电容继续充电，u_C 从 U_{S2} 起按指数规律增大到 U_{S1}。

(2) 若 $U_{S1}<U_{S2}$，则在过渡过程中 $i<0$，电流始终由电容的正极板流出；电容放电，u_C 从 U_{S2} 起按指数规律下降到 U_{S1}。

(3) 若 $U_{S1}=U_{S2}$，则开关换位置后 $i=0$，$u_C=U_S$，电路立即进入稳定状态，不发生过渡过程。

7.2.2 一阶电路的三要素

经过分析(分析过程省略)，我们可以总结出电路中变量的全响应公式的一般形式，即

$$f(t)=f(\infty)+\left[f(0_+)-f(\infty)\right]e^{-\frac{t}{\tau}} \tag{7-1}$$

在式(7-1)中，$f(t)$ 是待求电路变量的全响应，$f(0_+)$ 是待求变量的初始值，$f(\infty)$ 是待求变量的稳态值，τ 是电路换路后的时间常数。

初始值、稳态值、时间常数则称为一阶电路的三要素。

对于一个变量的初始值 $f(0_+)$，先求出换路前的数值，再利用换路定律即可得到。$f(\infty)$ 是待求变量新的稳态值，可以将电路中的电感短路、电容开路，再由 KVL、KCL、欧姆定律列出电路方程进行求解。

思考

通过前面的学习，初始值和稳态值应该会计算了，时间常数什么含义，如何求取呢？

τ 是反映过渡过程持续时间长短的时间常数，单位为秒。

时间常数由换路后的电路本身决定，与激励无关，在 RC 电路中 $\tau=RC$，RL 电路中 $\tau=L/R$，其中，R 是电路换路后在移去动态元件的状态下形成的二端口的等效电阻，即戴维南等效电路中的等效电阻，在同一电路中 τ 只有一个值。

练习

试一试，求图7.9所示各电路在换路后的时间常数？

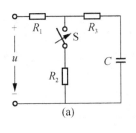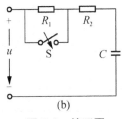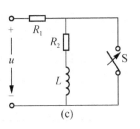

图7.9　练习图

【例7.2】　如图7.9所示电路，已知$R_1=1\text{k}\Omega$、$R_2=2\text{k}\Omega$、$C=3\mu\text{F}$、$U_{S1}=3\text{V}$、$U_{S2}=6\text{V}$，开关S长期合在位置1上，如果在$t=0$时将S合到位置2上，求电容器上电压的变化规律。

解： 在S合在1上，电路已经处于稳定状态，因此在$t=(0_-)$时，有

$$u_C(0_-)=U_{S1}\frac{R_2}{R_1+R_2}=3\times\frac{2}{2+1}=2(\text{V})$$

当S合到位置2上后，由换路定律可得换路后u_C的初始值为

$$u_C(0_+)=u_C(0_-)=2(\text{V})$$

根据电容"隔直"的特点，可得u_C的稳态值为

图7.10　例7.2图

$$u_C(\infty)=U_{S2}\frac{R_2}{R_1+R_2}=6\times\frac{2}{3}=4(\text{V})$$

换路后电路的时间常数为

$$\tau=(R_1//R_2)C=\frac{2\times1}{2+1}\times10^3\times3\times10^{-6}(\text{s})=2(\text{ms})$$

根据三要素法，可得电容两端电压为

$$u_C=u_C(\infty)+\left[u_C(0_+)-u_C(\infty)\right]\text{e}^{-\frac{t}{\tau}}=4+(2-4)\text{e}^{-500t}=4-2\text{e}^{-500t}(\text{V})$$

【例7.3】　如图7.11电路，已知$R_1=R_3=10\Omega$，$R_2=40\Omega$，$L=0.1\text{H}$，$U_S=180\text{V}$。在$t=0$时开关S闭合。求S闭合后电感上的电流。

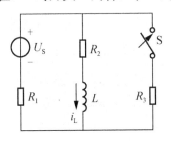

图7.11　例7.3图

解： S闭合前，即$t=(0_-)$时，电感上的电流i_L为

$$i(0_-)=\frac{U_S}{R_1+R_2}=\frac{180}{10+40}=3.6(\text{A})$$

S闭合后，电路进入新的稳态，时间常数为

$$\tau=\frac{L}{R_2+R_1//R_3}=\frac{0.1}{40+10//10}=0.0022(\text{s})$$

i_L的稳态值为

$$i_L(\infty)=\frac{U_S}{R_1+R_2//R_3}\times\frac{R_3}{R_2+R_3}=2(\text{A})$$

于是有

$$i_L=i_L(\infty)+\left[i_L(0_+)-i_L(\infty)\right]\text{e}^{-\frac{t}{\tau}}=2+1.6\text{e}^{-\frac{t}{0.0022}}(\text{A})$$

拓展阅读

楼道触摸延迟灯开关电路

一个楼道触摸延迟灯开关电路如图7.12所示，二极管 VD1～VD4 构成桥式整流电路，并与晶闸管

VT3 组成电灯开关的主回路，三极管 VT1、VT2 等组成开关的控制回路，LED 指示电源是否接通。未触摸金属片 M 时 VT1、VT2 均处于截止状态，VT3 关断，电灯 E 不亮。若用手指触摸一下金属片 M，人体感应电压使 VT2 迅速导通，VT2 的集电极变为低电平，VT1 也随之导通。因此有触发电流经 VT1 注入晶闸管 VT3 的门极，VT3 导通，电灯 E 通电发光。

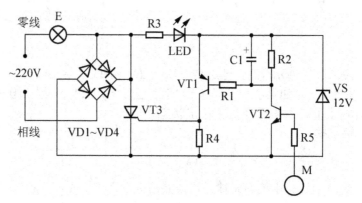

图 7.12　楼道触摸延迟灯开关电路原理图

在 VT2 导通瞬间，C1 通过 VT2 的 c—e 极间被并联在稳压管 VS 的两端，因此被迅速充电至 12V，电灯点亮后，人手离开 M，VT2 恢复截止，但由于 C1 充电后所存储电荷通过 R1 向 VT1 发射结放电，VT1 继续保持导通状态，所以电灯仍能发光。当 C1 放电结束，VT1 由导通变为截止，VT3 失去触发电流，当交流电过零时，即关断，电灯熄灭。

电路延迟时间主要由电阻 R1、R2 和电容 C1 的数值决定，此外，VT1 的 β 值及 VT3 的触发灵敏度等对延迟时间也有影响。

7.3　零输入响应

7.3.1　实训：零输入响应的认识

在图 7.13 所示电路中，开关 S 原先置于 1 位置，电路处于稳态，即电容已被充电，其两端电压与电源电压相等，即 U_s，电容储存的电场能为 $W_C = \frac{1}{2}CU_s^2$。在 $t=0$ 时将 S 置于 2 位置，电源被断开，电容 C 与电阻 R 构成回路，电容开始对电阻放电，电路中形成放电电流，这一过程就是一个零输入响应过程，零输入响应也可以看成是稳态值为零的全响应。

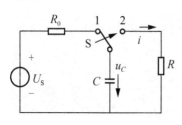

其实零输入响应过程就是放电过程。

图 7.14　RC 零输入响应(放电)

1. 训练目的

通过任务理解零输入响应电路特点；

理解零输入响应曲线；

了解时间常数对电路响应的影响。

2. 任务分析

对这种外加激励为零，仅由动态元件初始储能使电路产生电流、电压现象，我们称为电路的零输入响应，这里的"零输入"是指没有外部输入的意思。电容对电阻放电时产生的电流、电感以及对电阻放电时的电压等都是零输入响应现象。

3. 任务实施

（1）在 multisim 仿真软件中绘制电路如图 7.14 所示，仿真开始先对电容充电，待电容电压等于电源电压后，选定某一时刻视为 $t=0$，改变开关 J1 位置，观察示波器参数，填写表 7-1，并根据表中记录数据在图 7.15 中绘制零输入响应曲线。

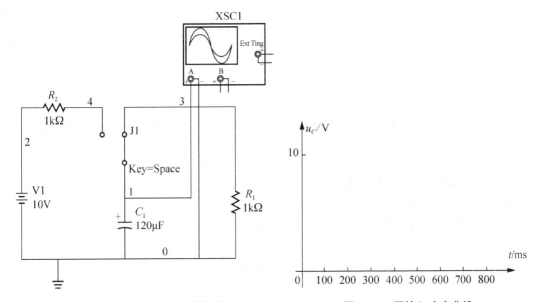

图 7.14　零输入响应仿真电路　　　　图 7.15　零输入响应曲线

表 7-1　电容两端电压测量数据 1

t(ms)	0	120	240	360	480	600	720	840
u_C(V)								

（2）改变图 7.14 中 C_1 值为 50 μF，重复上述步骤，将数据填入表 7-2。

表 7-2　电容两端电压测量数据 2

t(ms)	0	50	100	150	200	250	300	350
u_C(V)								

 思考

（1）时间常数 $\tau=RC$，R 在图 7.14 中取 R_1 还是 R_2？

（2）电路中的时间常数 $t=\tau$ 越大，过渡过程持续的时间就越_____。

（3）过渡过程结束需要_____s。该时间与 τ 有什么关系（约为 τ 的几倍）？过渡过程结束即电容两端的电压衰减到可以忽略不计的程度，电路中的电流小到可以忽略不计，电路进入另一个稳定状态。

7.3.2 RC 串联电路的零输入响应

图 7.16 是照相机闪光灯电路原理图，2mF 的电容 C 缓慢充电至 3V，充电电流较小，按下开关使电容快速放电，放电电流很大，因而产生闪光，电路中电阻值应如何选取？分析该电路充放电工作过程并画出 u_C、i 的工作波形。

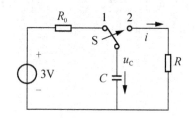

图 7.16 照相机闪光灯电路原理图

1. 定量分析

由图 7.16 电路，我们可以得到换路后电路的 KVL 方程

$$u_C - iR = 0 \tag{7-2}$$

又因为

$$i = -C\frac{\mathrm{d}u_C}{\mathrm{d}t} \tag{7-3}$$

上式中的负号是因为 i 和 u_C 参考方向不相关联。将（7-3）式代入（7-2）式，得

$$u_C + RC\frac{\mathrm{d}u_C}{\mathrm{d}t} = 0 \tag{7-4}$$

在这个方程中，u_C 是要求取的未知数，在数学上这是一个一阶微分方程，因此这类动态电路也叫一阶动态电路。

求解方程（7-4）（过程从略），并结合初始条件 $u_C(0_+) = U_s$，可得

$$u_C = U_s \mathrm{e}^{-\frac{t}{RC}} \tag{7-5}$$

根据电容上电压与电流的关系可得电路中电流为

$$i = -C\frac{\mathrm{d}u_C}{\mathrm{d}t} = \frac{U_s}{R}\mathrm{e}^{-\frac{t}{RC}} \tag{7-6}$$

因为电阻上电压与电容上电压相等，所以有

$$u_R = u_C = U_s \mathrm{e}^{-\frac{t}{RC}} \tag{7-7}$$

由公式（7-5）、（7-6）和（7-7）可知，换路后电容两端的电压 u_C 从初始值 U_s 开始随时间 t 按指数函数的规律衰减，而电阻两端电压 u_R 和电路中的电流 i 也分别从各自的初始值 U_s 和 U_s/R 按同一指数规律衰减。

图 7.17 给出了换路后电容、电阻元件两端电压和电路中电流随时间变化的曲线。

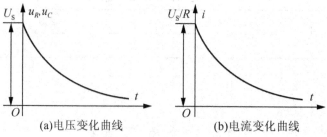

(a)电压变化曲线   (b)电流变化曲线

图 7.17 RC 电路零输入响应曲线

以上分析的响应曲线与你自己绘制的响应曲线一样吗？

在整个放电过程中，电阻 R 所消耗的能量为

$$W_R = \int_0^\infty i^2 R \mathrm{d}t = \int_0^\infty \left(\frac{U_S}{R} \mathrm{e}^{-\frac{t}{RC}}\right)^2 R \mathrm{d}t = \frac{1}{2} C U_S^2$$

由上式可知，电阻消耗的能量为电容放电前所储存的电场能量，电容放电这一过渡过程就是电容所储存的电场能量全部转换为热能消耗在电阻上的过程。由上面的推导过程我们可以看出，电场能量全部转换为热能需要经历无限长的时间。但一般情况下，电路换路后在经过一段有限长的时间后，其过渡过程即可看作结束。

2. 时间常数

由公式(7-5)可知，电容两端电压衰减的速度取决于电路的时间常数 τ，其中 $\tau = RC$，τ 的单位为秒(s)。

时间常数 $t = \tau$ 就是电容电压衰减至初始值时所需的时间。同样，我们可以算出当 $t = 2\tau$，3τ，……时的电容两端的电压值 u_C，如表 7-3 所列。

表 7-3　不同时刻的 u_C

t	0	1τ	2τ	3τ	4τ	5τ	…	∞
$u_C(t)$	U_0	$0.368U_0$	$0.135U_0$	$0.05U_0$	$0.018U_0$	$0.007U_0$	…	0

思考

表 7-3 中不同时刻电容两端的电压值 u_C 如何计算出来的呢？

试确定图 7.18 中 3 个时间常数的大小关系：＿＿＿＿＿＿

由表 7-3 可知，从理论上来看，过渡过程要经过无限长时间才能结束，但实际上只要经过 $3\tau \sim 5\tau$ 的时间，电容两端的电压就已衰减到可以忽略不计的的程度，即电路中的电流小到可以忽略不计，此时即可认为过渡过程已经结束，电路进入另一个稳定状态。图 7.18 给出了不同时间常数下 u_C 的曲线。

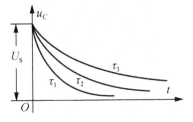

图 7.18　时间常数与放电速度

注意

当电路中有多个电阻时，时间常数 $\tau = RC$ 中的 R 要理解为将电容 C 移去后，所形成的二端口的等效电阻。

【例 7.4】　如图 7.19 所示电路，电路处于稳态。已知 $C = 4\,\mu\mathrm{F}$，$R_1 = R_2 = 20\mathrm{k}\Omega$，电

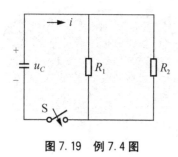

图 7.19 例 7.4 图

容原先有电压 100V。试求开关 S 闭合后 60ms 时电容上的电压 u_C 和放电电流 i。

解： 以开关 S 闭合时刻为计时起点。电路的时间常数为

$$\tau = RC = (R_1 // R_2)C = 10 \times 10^3 \times 4 \times 10^{-6} = 0.04\,(\text{s})$$

将 $t = 60\text{ms} = 0.06\text{s}$ 代入(7-5)中，则有

$$u_C = U_S\,\text{e}^{(-t/RC)} = 100 \times \text{e}^{(-0.06/0.04)} = 100 \times 0.223 = 22.3\,(\text{V})$$

$$i = \frac{U_S}{R}\text{e}^{(-t/RC)} = \frac{u_C}{R} = \frac{22.3}{104} = 2.23 \times 10^{-3} = 2.23\,(\text{mA})$$

7.3.3 RL 串联电路的零输入响应

如图 7.20 所示电路，开关 S 原先置于位置 1，电路处于稳态，电感上流有电流 I_0，所储磁场能量为 $W = \dfrac{1}{2}LI_0^2$，在 $t = 0$ 时 S 置于位置 2，电源被断开，电感 L 与电阻 R 构成回路，电感开始对电阻放电，这一过程也是一个零输入响应过程。

我们现在就来分析换路后瞬间到电路进入新的稳定状态这段时间内电感、电阻两端的电压 u_L 和 u_R 及电流 i 的变化。

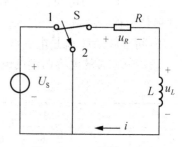

图 7.20 RL 零输入响应

1. 过程分析

在换路瞬间，因为电感上电流不能突变，依然保持为 I_0。此时电阻两端的电压为

$$u_R(0_+) = I_0 R$$

由 KVL 可知，此时电感 L 两端的电压将从零突变为 $I_0 R$。

换路后，随着电阻不断地消耗能量，电流 i 也不断减小，同时电阻电压 u_R 与电感电压 u_L 也逐渐降低，直到全部降为零，过渡过程结束，电路进入一个新的稳态。在这个过程中，电感线圈原先所储存的能量 $W = \dfrac{1}{2}LI_0^2$ 逐渐地被电阻以热能的形式所消耗。

2. 定量分析

由图 7.20 所示电路，我们可以得到换路后电路的 KVL 方程为

$$u_R + u_L = 0$$

因为 $u_R = iR$，$u_L = L\text{d}i/\text{d}t$，并结合初始条件 $i_{(0_+)} = I_0$，可得

$$i = I_0\text{e}^{-\frac{R}{L}t} \tag{7-8}$$

电阻与电感上电压分别为

$$u_R = iR = RI_0\text{e}^{-\frac{R}{L}t} \tag{7-9}$$

$$u_L = -u_R = -RI_0\text{e}^{-\frac{R}{L}t} \tag{7-10}$$

由式(7-8)～式(7-10)可知，换路后的电流从初始值 I_0 开始随时间 t 按指数函数的规律衰减，电阻和电感两端电压 u_R 和 u_L 也分别从各自的初始值 I_0R 和 $-I_0R$ 按同一指数规律衰减。

参考图 7.16RC 电路零输入响应曲线，在图 7.21 中自己绘制 RL 串联电路换路后元件电压和电路电流随时间变化的曲线。

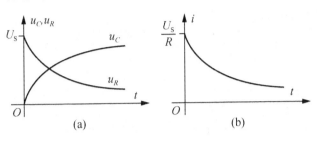

图 7.21　RL 零输入响应曲线图

RL 电路零输入响应曲线你也可以自己仿真出来看看！

电路中各电量的衰减速度取决于 L/R。设 $\tau=L/R$ 为电路的时间常数，τ 越大，过渡过程持续的时间越长。

在整个过渡过程中，电阻 R 所消耗的能量为

$$W_R = \int_0^\infty i^2 R \mathrm{d}t = \int_0^\infty (I_0 \mathrm{e}^{-\frac{R}{L}t})^2 R \mathrm{d}t = \frac{1}{2}LI_0^2$$

可见电路的过渡过程就是将电感所储存的磁场能量全部转换为热能给电阻消耗的过程。同样，由推导过程可以看出，磁场能量全部转换为热能需要经历无限长的时间。但实际上，电路换路后在经过 5τ 的时间后，各电路变量都衰减到初始值的 1% 以下，其过渡过程就可当作结束，电路进入了另一个稳定状态。

　说明

当电路中有多个电阻时，时间常数 $\tau=L/R$ 中的 R 要理解为将电感 L 移去后，所形成的二端口处的等效电阻。

【例 7.5】　在图 7.22 所示电路中，一实际电感线圈（图中虚线部分）和电阻 R_0 并联后与直流电源接通。已知 $U_S=220\mathrm{V}$，$R_0=40\Omega$，电感线圈的电感 $L=1\mathrm{H}$，内阻 $R=20\Omega$，电路处于稳态。试求开关 S 打开后，电流 i 的变化规律和电感线圈两端电压的初始值 $u'_L(0_+)$。

解： 以开关 S 闭合时刻为计时起点。电路的时间常数为

$$\tau = \frac{L}{R_0+R} = \frac{1}{60}(\mathrm{s})$$

过渡过程的初始电流为

$$I_0 = i(0_+) = i(0_-) = \frac{U_S}{R} = \frac{220}{20} = 11(\mathrm{A})$$

图 7.22　例 7.5 图

电流 i 的变化规律为

$$i = I_0 e^{-\frac{R}{L}t} = 11 e^{-60t} \quad (A)$$

电感线圈两端的初始电压为

$$u'_L(0_+) = -I_0 \times R_0 = -11 \times 40 = -440 \quad (V)$$

 小知识

由上例，在换路的瞬间，u_{R_0} 和 u'_L 均从原来的 220V 突变到 −440V，因此放电电阻 R_0 不能选得过大，否则一旦电源断开，会在线圈两端产生很大的电压，容易损坏；如果 R_0 是一只内阻很大的伏特表，则此表也容易受到损坏。所以为了安全起见，在断开电源前，要将与电感线圈并联的元件或测量仪表拆除。

7.4 零状态响应

7.4.1 实训：零状态响应的认识

1. 训练目的

通过任务理解零状态响应电路特点。

理解零状态响应曲线。

2. 任务分析

如果动态元件在换路前没有储能，那么换路后瞬间电容两端的电压为零，电感上的电流为零，我们称电路的这种状态为零初始状态。一个零初始状态的电路，如果在换路后受到(直流)激励作用而产生电流、电压，则称为电路的零状态(充电)响应，零状态响应也可以看成是初始值为零的全响应。

如图 7.23 所示，电容不带电(电压为零)，电路处于稳态，在 $t=0$ 时，将开关 S 合上即发生换路，换路后瞬间到电路进入新的稳定状态这段时间内，电容、电阻两端的电压 u_R 和 u_C 有怎样的变化？为什么？

3. 任务实施

(1) 在 multisim 仿真软件中绘制电路，如图 7.24 所示，仿真开始后闭合开关对电容充电，绘制电容、电阻两端电压 u_R 和 u_C 的曲线，并按表 7-4 记录数据。

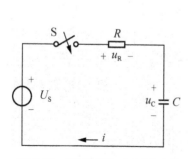

图 7.23 RC 零状态响应(充电)

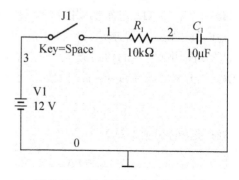

图 7.24 RC 零状态响应仿真电路

表7-4 电容两端电压测量数据

t(ms)	0	τ	2τ	3τ	4τ	5τ	6τ	7τ
	0							
u_C(V)								

7.4.2 RC 串联电路的零状态响应

1. 过程分析

在换路瞬间，因为电容两端电压不能突变，保持为 $u_C(0_+)=0$，电容相当于短路，电源电压 U_S 全部加在电阻 R 上，即 R 两端的电压 u_R 将从零突变为 U_S，相应地，电路中的电流也由零突变为 U_0/R。换路后，电容开始充电，两极板上积聚的电荷越来越多，其两端电压 u_C 不断增大，同时电阻电压 u_R 却逐渐减小，电流 i 也不断地减小，直到电容充电结束，电容两端电压 u_C 等于 U_S，而电阻上的电压 u_R 和电路中的电流 i 全部降为零，过渡过程结束，电路进入一个新的稳态。

在这个过程中，电源提供的能量逐渐以电场能的形式储存于电容器中。

2. 定量分析

由图 7.23 所示电路，我们可以写出换路后电路的 KVL 方程为

$$u_R + u_C = U_S$$

由于 $u_R = iR$，$i = C\dfrac{\mathrm{d}u_C}{\mathrm{d}t}$，并结合初始条件 $u_{C(0_+)} = 0$，可得

$$u_C = U_S(1 - \mathrm{e}^{-\frac{t}{RC}}) = U_S - U_S\mathrm{e}^{-\frac{t}{RC}} \tag{7-11}$$

$$u_R = U_S - u_C = U_S\mathrm{e}^{-\frac{t}{RC}} \tag{7-12}$$

$$i = \frac{u_R}{R} = \frac{U_S}{R}\mathrm{e}^{-\frac{t}{RC}} \tag{7-13}$$

由公式(7-11)～(7-13)可知，换路后电容两端电压 u_C 由两部分组成，第一项(U_S)是电容充电完毕后的电压值，是一个稳态值，我们称之为"稳态分量"；第二项($-U_S\mathrm{e}^{-\frac{t}{RC}}$)随时间按指数函数的规律衰减，最后为零，称之为"暂态分量"。

在整个过渡过程中，u_C 可看作是稳态分量和暂态分量叠加而成。电阻两端电压 u_R 和电路中电流的最终稳态值为零，只有动态分量，也随时间按同一指数规律衰减。图 7.25 给出了换路后电路中各元件两端电压和电路中电流随时间变化的曲线。

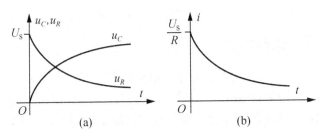

图 7.25 RC 电路零状态响应曲线

电路中各变量的暂态分量衰减的速度取决于 RC。如同零输入响应，我们把 $\tau=RC$ 称为电路的时间常数。同样，时间常数 τ 越大，过渡过程持续的时间越长。

 说明

在这里，时间常数 $\tau=RC$ 中的 R 也要理解为将电容 C 移去后，所形成的二端口处的等效电阻。

当 $t=\tau$ 时，电容上电压为

$$u_C=U_S(1-\mathrm{e}^{-1})=U_S(1-0.368)=63.2\%U_S$$

$$u_R=U_S\mathrm{e}^{-1}=0.368U_S=36.8\%U_S$$

$$i=\frac{U_S}{R}\mathrm{e}^{-1}=0.368\frac{U_S}{R}=36.8\%\frac{U_S}{R}$$

即经过 τ 的时间，电容两端的电压已达到稳态值的 63.2%，而电路中的电流也衰减到其初值的 36.8%。所以一般认为，电路换路后在经过 5τ 的时间后，各电路变量的暂态分量都衰减到初始值的 1% 以下，其过渡过程就可当作结束，电路进入了另一个稳定状态。

整个充电过程实际上就是电容建立电场的过程，在这个过程中，电容从电源吸取的电能为

$$W_c=\int_0^\infty u_C\times i\times\mathrm{d}t=\int_0^Q u_C\times\mathrm{d}q=\int_0^{U_s}C\times u_C\times\mathrm{d}u_C=\frac{1}{2}CU_S^2$$

而电阻上消耗的电能为

$$W_R=\int_0^\infty i^2R\mathrm{d}t=\int_0^\infty\left(\frac{U_s}{R}\mathrm{e}^{-\frac{t}{RC}}\right)^2R\mathrm{d}t=\frac{1}{2}CU_S^2$$

由此可见，在充电过程中，电源所提供的能量，一半储存在电容的电场中，一半被电阻以热能的形式所消耗，而且电阻上消耗的能量与电阻值 R 无关，即充电效率总是只有 50%。

【例 7.6】 在图 7.23 所示电路中，已知 $U_s=220\mathrm{V}$，$C=1\mu\mathrm{F}$，$R=200\Omega$，电容原先未储能，在 $t=0$ 时开关 S 合上。试求 S 闭合后 1ms 时的 i 和电容上的电压 u_C。

解： 以开关 S 闭合时刻为计时起点。电路的时间常数

$$\tau=RC=200\times1\times10^{-6}=2\times10^{-4}\quad(\mathrm{s})$$

当 $t=1\mathrm{ms}=10^{-3}\mathrm{s}$ 时，有

$$i=\frac{U_s}{R}\mathrm{e}^{-\frac{t}{RC}}=1.1\times\mathrm{e}^{-5}=1.1\times0.007=0.0077(\mathrm{A})$$

$$u_C=U_s(1-\mathrm{e}^{-\frac{t}{RC}})=220(1-\mathrm{e}^{-5})=218.5\quad(\mathrm{V})$$

7.4.3 RL 串联电路的零状态响应

在图 7.26 所示电路，电感的电流为零，电路处于稳态，在 $t=0$ 时开关 S 闭合。我们现在就来分析，换路后瞬间到电路进入新的稳定状态这段时间内，电感、电阻两端的电压 u_L 和 u_R 及电感上电流 i 的变化。分析过程与 RC 电路类似，请根据提示自行分析。

1. 过程分析

在换路瞬间：$u_L=$ _____ ，$u_R=$ _____ ，$i=$ _____ ；

电路进入一个新的稳态后：

$u_L=$_____，$u_R=$_____，$i=$_____；

进入稳态后过渡过程结束，过度过程中，电源所提供的能量逐渐以磁场能量的形式储存于电感器中。

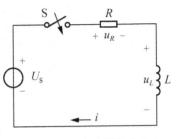

图 7.26 RL 电路零状态响应

2. 定量分析

由图 7.26 所示电路，可以得到换路后电路的 KVL 方程为

$$u_R+u_L=U_s \qquad (7-14)$$

因为 $u_R=Ri$，$u_L=L\dfrac{\mathrm{d}i}{\mathrm{d}t}$，并结合初始条件 $i(0_+)=0$，可得

$$i=\underline{\hspace{3cm}} \qquad (7-15)$$

$$u_L=\underline{\hspace{3cm}} \qquad (7-16)$$

$$u_R=\underline{\hspace{3cm}} \qquad (7-17)$$

由公式(7-15)～(7-17)可知，在整个过渡过程中，i 可看作是稳态分量和暂态分量叠加而成。换路后电感两端的电压 u_L 从 U_s 开始随时间按指数函数的规律衰减，最后为零；电阻两端电压 u_R 从零开始上升，最终达到稳态值 U_s。参考图 7.23RC 电路零状态响应曲线，在图 7.27 中自己绘制 RL 电路换路后各元件两端电压和电路中电流随时间变化的曲线。

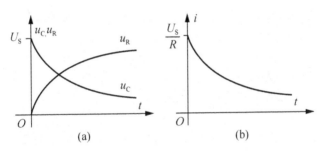

图 7.27 RL 电路零状态响应曲线图

同样，电路各电量的衰减速度取决于时间常数 $\tau=L/R$，其意义同前。一般电路换路后在经过 5τ 的时间后，过渡过程就可当作结束，电路进入了另一个稳定状态。

 说明

当电路中有多个电阻时，时间常数 $\tau=L/R$ 中的 R 要理解为将电感 L 移去后，所形成的二端口处的等效电阻。

【例 7.7】 在图 7.26 所示电路中，已知 $U_s=20\text{V}$，$R=20\Omega$，$L=5\text{H}$，电感原先无电流，电路处于稳态。试求开关 S 闭合后 $t=\tau$ 时，电路中电流 i 和电感两端电压 u_L。

解：以开关 S 闭合时刻为计时起点，则有

$$i(0)=i(0_+)=i(0_-)=0$$

$$u_L=U_s\mathrm{e}^{-\frac{R}{L}t}=20\mathrm{e}^{-4t}=\mathrm{e}^{-4t}$$

$$i=\frac{U_\mathrm{S}}{R}(1-\mathrm{e}^{-\frac{R}{L}t})=\frac{20}{20}(1-\mathrm{e}^{-4t})=1-\mathrm{e}^{-4t}$$

当 $t=\tau=L/R=5/20=1/4$ 秒时，电路中电流 i 和电感两端电压的 u_L 分别为

$$i(\tau)=1-\mathrm{e}^{-4\times\frac{1}{4}}=1-0.368=0.632(\mathrm{A})$$

$$u_L=20\mathrm{e}^{-4t}=20\mathrm{e}^{-4\times\frac{1}{4}}=20\mathrm{e}^{-1}=20\times0.368=7.36(\mathrm{V})$$

7.5　微分电路和积分电路

微分电路和积分电路实际上就是 RC 串联的充放电电路，只是由于所选的电路时间常数不同，从而构成了激励(输入)与响应(输出)之间的特定关系(微分或积分)。

1. 构成微分电路的条件：RC 串联电路，输出电压为电阻 R 两端电压如图 7.28；
2. 构成积分电路的条件：RC 串联电路，输出电压为电容 C 两端的电压如图 7.29。

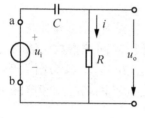
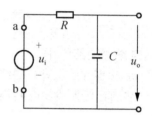

图 7.28　微分电路　　　　　　　图 7.29　积分电路

7.5.1　微分电路

Multisim 软件中绘制仿真电路如图 7.30 所示，$t=0$ 时在 a、b 两端施加一个矩形脉冲信号 u_i，脉冲信号参数见图 7.30 对话框设置。

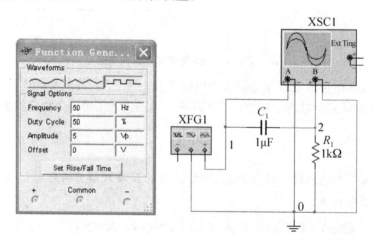

图 7.30　微分电路仿真图

计算此时 $t_\mathrm{P}=$＿＿＿＿＿＿＿s，$\tau=$＿＿＿＿＿＿＿s，是否满足 $\tau\ll t_\mathrm{P}$？

观察输出信号 u_o(即电阻两端电压 u_R)的变化规律，将波形画在图 7.31 中。

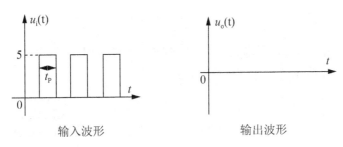

图 7.31 微分电路输入、输出波形

1. 过程分析

当信号 u_i 开始作用时，由于电容两端电压 u_C 不能突变，由 KCL 可知，电阻 R 上的电压 u_R 将从零突变为 E。接着电容开始充电，如果电路时间常数很小，即 $\tau \ll t_P$，电容充电很快就完毕，使 u_C 达到 E，同时 u_R 也随之衰减到零。这时的输出信号 u_o 为一个正的尖脉冲；在 $t = t_P$ 时信号消失，因此时 u_C 保持不变，则 u_R 立即由零下降到 $-E$，之后电容放电结束，u_R 的绝对值也很快衰减至零，此时输出信号为一个负的尖脉冲。即在一个矩形脉冲信号的作用下，在 RC 串联电路中的电阻上将产生两个幅值相等方向相反的尖脉冲。

思考

电路的 τ 越小，输出的脉冲越尖锐还是越宽？

2. 定量分析

根据图 7.28 微分电路

$$u_o = u_R = R \times i = RC \frac{\mathrm{d}u}{\mathrm{d}t}$$

因为 $\tau \ll t_P$，电容的充放电很快就结束，电容两端的电压 u_C 近似等于输入电压 u_i，即

$$u_i \approx u_C$$

所以有

$$u_o = RC \frac{\mathrm{d}u_i}{\mathrm{d}t}$$

即输出信号 u_o 输入信号 u_i 的微分成正比，我们把这种从电阻两端输出且满足 $u_o = RC \frac{\mathrm{d}u_i}{\mathrm{d}t}$ 关系的 RC 串联电路称为微分电路。

拓展阅读

　　微分电路能把输入信号进行微分处理后再输出。在脉冲电路中，常用微分电路把矩形脉冲电压变换为尖脉冲，作为触发信号。如果电路时间常数 $\tau \gg t_P$，该 RC 电路将变成一个 RC 耦合电路，输出波形与输入波形一样。

7.5.2 积分电路

Multisim 软件中绘制仿真电路如图 7.32 所示，$t=0$ 时在 a、b 两端施加一个矩形脉冲信号 u_i，脉冲信号参数见图 7.32 对话框设置。

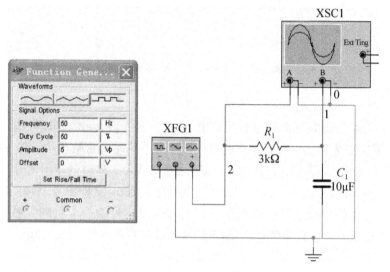

图 7.32 积分电路仿真图

计算此时 $t_P=$ _____ s，$\tau=$ _____ s。

观察输出信号 u_o（即电阻两端电压 u_C）的变化规律，将输入、输出波形画在图 7.33 中。

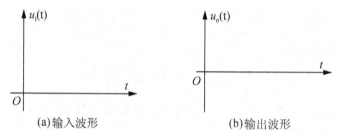

图 7.33 积分电路输入、输出波形

1. 过程分析

当信号 u_i 开始作用时，电容开始充电，因为电路的时间常数很大，即 $\tau \gg t_P$，电容充电很慢，u_C 的变化近似一条斜率很小的直线。在 $t=t_P$ 时脉冲信号消失，电容开始放电，因 $\tau \gg t_P$，放电速度也很慢，这样在一个脉冲信号周期内，u_C 的图像就近似为一个锯齿波（或三角波）。

2. 定量分析

根据图 7.29 积分电路，因为 $\tau \gg t_P$，电容的充放电过程很长，电阻两端的电压 u_R 近似等于输入电压 u_i，即

$$u_i = u_R + u_o \approx u_R$$

$$i = \frac{u_R}{R} \approx \frac{u_i}{R}$$

所以有

$$u_{\mathrm{o}}=u_C=\frac{1}{C}\int i\,\mathrm{d}t=\frac{1}{RC}\int u_{\mathrm{i}}\,\mathrm{d}t$$

即输出信号 u_{o} 与输入信号 u_{i} 的积分成正比，我们把这种从电容端输出且满足关系 $u_{\mathrm{i}}\approx u_R$ 的 RC 串联电路称为积分电路。

拓展阅读

积分电路能把输入信号进行积分处理后再输出。在脉冲电路中，常用积分电路把矩形脉冲电压变换为近似三角波，作为电视接收机场扫描信号。

项 目 小 结

含有电感、电容(即动态元件)的电路称为动态电路，RC 电路能产生短时间大电流脉冲，RL 电路阻止电流快速变化。许多电子设备就是利用 RC 或 RL 电路短或长时间常数的特点设计而成。本项目中知识点包括：

1. 含有电容或电感元件的电路，从一个稳定状态到另一个稳定状态不能在瞬间完成，而是需要经历一段时间，这一个阶段称之为过渡过程。

2. 在换路瞬间，电容元件的电流值有限时，其电压不能跃变；电感元件的电压值有限时，其电流不能跃变。这一结论称为换路定律。

3. 电路中其他响应在换路后的一瞬间，即 $t=0_+$ 时的值，统称为初始值。求解初始值，通常采用 0_+ 等效电路法。

4. 外加激励为零，仅由动态元件初始储能使电路产生电流、电压现象，称为电路的零输入响应。

5. 零初始状态的电路，在换路后受到(直流)激励作用而产生的电流、电压，则称为电路的零状态响应。

6. 全响应是指电路处于非零初始状态下，在(直流)激励作用下，电路中产生电流、电压的过程。全响应可以看成是零输入响应和零状态响应两者的叠加。

7. 一阶电路的三要素法：一阶电路中变量的全响应公式的一般形式，即

$$f(t)=f(\infty)+\left[f(0_+)-f(\infty)\right]\mathrm{e}^{-\frac{t}{\tau}}$$

在式中，$f(t)$ 是待求电路变量的全响应，$f(0_+)$ 是待求变量的初始值，$f(\infty)$ 是待求变量的稳态值，τ 是电路换路后的时间常数。

8. 三要素法的关键是确定 $f(0_+)$、$f(\infty)$ 和时间常数 τ。$f(0_+)$，利用换路定律和 $t=0_+$ 的等效电路求得；$f(\infty)$，由换路后 $t=\infty$ 的等效电路求得；时间常数 τ，只与电路的结构和参数有关，RC 电路的 $\tau=RC$，RL 电路的 $\tau=L/R$，其中电阻 R 是换路后电路的等效内阻。

9. 微分电路 $u_{\mathrm{o}}=RC\mathrm{d}u_{\mathrm{i}}/\mathrm{d}t$，构成微分电路的条件：$RC$ 串联电路，输出电压为电阻 R 两端电压；电路的时间常数要比输入脉冲的宽度小得多，即 $\tau\ll t_P$。

10. 积分电路 $u_{\mathrm{o}}=\dfrac{1}{RC}\displaystyle\int u_{\mathrm{i}}\,\mathrm{d}t$，构成积分电路的条件：$RC$ 串联电路，输出电压为电容

C 两端的电压；电路的时间常数要比输入脉冲的宽度大得多，即 $\tau \gg t_\mathrm{P}$。

思考题与习题

7.1 在图 7.34 所示电路中，在 $t=0$ 时开关 S 闭合，求换路瞬间电感元件上的电流和电压。

7.2 在图 7.35 所示电路中，开关 S 闭合前电容电压为零，求 S 合上瞬间的 $i_C(0_+)$。

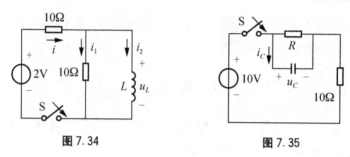

图 7.34　　　　　　　　　　图 7.35

7.3 在图 7.36 所示电路中，开关 S 闭合时电容充电，断开时电容放电，试分别求充电和放电时的时间常数。

7.4 在图 7.37 所示电路中，电容原先储存的电场能为 $W_C=5\mathrm{J}$(焦尔)，开关 S 闭合后 $i(0_+)=0.5\mathrm{A}$，求电阻 R 和换路后 0.1s 时的 u_C。

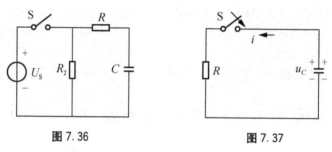

图 7.36　　　　　　　　　　图 7.37

7.5 试求图 7.38 所示各电路在换路后的时间常数。

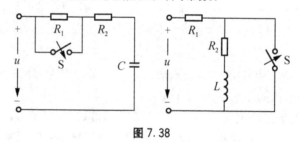

图 7.38

7.6 在图 7.39 所示电路原先已处于稳态，$t=0$ 时开关 S 断开，求换路后电容两端的电压 u_C 及电流 i 随时间变化的规律。

7.7 在图 7.40 所示电路中，开关 S 断开前已处于稳态，求 S 断开后的 i_1、i_2、i_3 和 u_L。

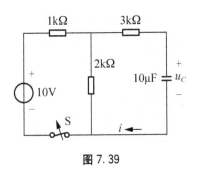

图 7.39

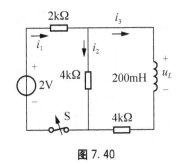

图 7.40

7.8 在图 7.41 所示电路中，$t=0$ 时开关 S 合上，求 S 合上时的电流 i 的表达式。

7.9 在图 7.42 所示电路原处于稳态中，$t=0$ 时开关 S 闭合，求 S 闭合时 i_C 和 u。

7.10 在图 7.43 图所示电路中，$t=0$ 时开关 S 合上，求 S 合上时的电流 i_L 和电压 u_L、u_R。

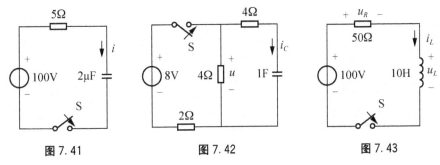

图 7.41   图 7.42   图 7.43

7.11 在图 7.44 所示电路中，电容原先不储能，试用三要素法求开关 S 闭合后的 u。

7.12 在图 7.45 所示电路中，开关 S 打开已很久，$t=0$ 时 S 闭合，试求 $t \geqslant 0$ 时的 i。

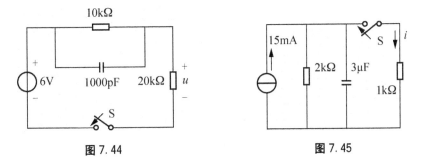

图 7.44   图 7.45

7.13 在图 7.46 所示电路中，$t=0$ 时开关 S 闭合，试用三要素法求换路后的 i 和 u_L。

7.14 在图 7.47 所示电路中，$t=0$ 时开关 S 闭合，闭合前电路处于稳态，试用三要素法求 $t>0$ 时的电感电流 i_L。

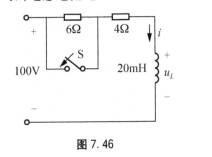

图 7.46

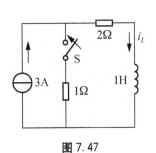

图 7.47

7.15 在图 7.48(a)所示电路中，其输入信号 u_i 如图(b)所示，其中 $U = 20\text{V}$，$t_p = 20\,\mu\text{s}$，试求输出电压 u_o，并画出其变化曲线。

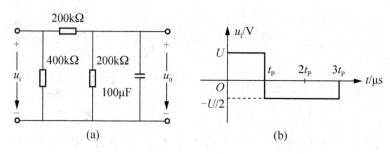

图 7.48

参 考 文 献

［1］石生．电路基础分析［M］．北京：高等教育出版社，2004.

［2］席石达．电工技术［M］．北京：高等教育出版社，2000.

［3］周守昌．电路原理［M］．北京：高等教育出版社，1999.

［4］胡翔骏．电路基础［M］．北京：高等教育出版社，1995.

［5］张虹．实用电路基础［M］．北京：北京大学出版社，2009.

［6］蒋然，熊华波．模拟电子技术［M］．北京：北京大学出版社，2010.